行为

BEHAVIORISTIC PSYCHOLOGY

心理学

龚俊◎编著

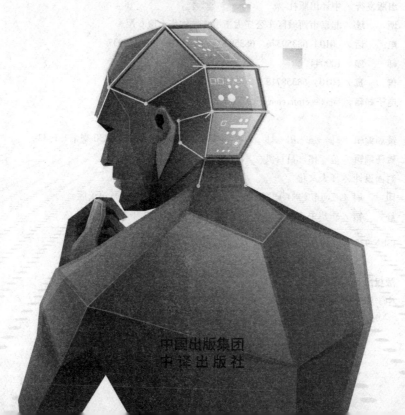

中国出版集团
中译出版社

图书在版编目（CIP）数据

行为心理学／龚俊编著．—北京：
中译出版社，2020.1（2023.3重印）
ISBN 978 - 7 - 5001 - 6169 - 1

Ⅰ．①行… Ⅱ．①龚… Ⅲ．①行为主义 - 心理学
Ⅳ．①B84 - 063

中国版本图书馆 CIP 数据核字（2020）第 002320 号

行为心理学

出版发行／中译出版社
地　　址／北京市西城区车公庄大街甲 4 号物华大厦 6 层
电　　话／（010）68359376　68359303　68359101　68357937
邮　　编／100044
传　　真／（010）68358718
电子邮箱／book@ctph.com.cn

策划编辑／马　强　田　灿	**规　　格**／880 毫米×1230 毫米　1/32
责任编辑／范　伟　吕百灵	**印　　张**／6
封面设计／泽天文化	**字　　数**／135 千字
印　　刷／三河市宏顺兴印刷有限公司	**版　　次**／2020 年 1 月第 1 版
经　　销／新华书店	**印　　次**／2023 年 3 月第 2 次

ISBN 978 - 7 - 5001 - 6169 - 1　　　定价：32.00 元

前　言

　　古语云："心者，貌之根，审心而善恶自见。行者，心之表，观行而祸福可知。"

　　行为心理学是20世纪初起源于美国的一个心理学流派，它的创建人为美国心理学家华生。所谓行为就是有机体用以适应环境变化的各种身体反应的组合。这些反应不外乎肌肉收缩和腺体分泌，它们有的表现在身体外部，有的隐藏在身体内部，强度有大有小。

　　行为心理学家认为，人的心理意识、精神活动是不可捉摸的，是不可接近的，心理学应该研究人的行为。心理学研究行为在于查明刺激与反应的关系，以便根据刺激推知反应，根据反应推知刺激，达到预测和控制人的行为的目的。

　　本书从实际出发，将日常生活与工作中的常见行为，从心理学角度加以研究分析，告诉大家，我们习以为常的各种行为分别反映了怎样的心理特征。另外，也对一些常见的心理学定律做简单介绍，深入浅出地让读者领略行为心理学的奇妙世界。最后，还附上趣味十足的行为心理学测验题，通过测试，让读者对自我行为与心理产生更为清晰的认知。

希望通过本书，可以让广大读者在日常生活与工作中，对自己与他人的行为与心理有更深入的了解，做到知己知彼，让人生之路更加顺畅。

作者

目　录

第一章
简单行为折射复杂心理

每一种行为都反映了一种心理，每一种心理都会通过行为表现出来。了解行为心理学，让你更好地读懂人心。

行为是心理的外在表征

从行为细节上，识别形形色色的人，就不难发现每个人隐藏的奥秘。行为细节里，确实藏着丰富的内涵，它能发现别人不容易发现的特点，能在转瞬即逝的言行中，发现某个人的特征。他的举手投足、说话都可以反映出来，行为细节让你更好地了解他人的方方面面。

每天，我们都在同人打交道。这些人当中，有知心朋友，也有竞争对手，要想深入地识别他们，是非常不容易的。

日本一个十分有名的企业家，常利用人们进餐时的细小动作，鉴别人才，而且看人准确率高达95％以上。

他认为，在吃饭的时候，最能看出一个人的性格，"尽管再高贵的人，在吃饭时，也会显露出他的人品来"。

比如，他会利用吃饭的机会，分辨聚会的经理到底是第一代经理还是第二代经理。作为一般的区分方法：

第一代经理，因为是属于创业型的经理，经历了相当的劳苦，所以上的菜，一点不剩都吃光了，而且吃的速度也相当快。吃饭时，刀叉会乱碰；喝汤时，会吱吱作响，不太讲究宴席上的礼节。可是到了第二代经理，就喜爱挑剔，要求多，剩的菜也多，总是先挑爱吃的动手。

其实，从生活的行为细节上观察人，具有很大的经验性，是有规律可循的，所以，一些有心人在实践中，总结出识别人的三条规律：

1. 从常见表情上识别人

经常皱眉的人，一般心思较重，心事较多，总是想这样或那样的问题；而常用眼角看人的人，多是心胸狭窄，心怀叵测，内心深处总有一种不安全感和恐惧感；经常用手挠头的人，一般都心情烦躁，心神不宁，急迫需要新的头绪。

2. 从常见动作上识别人

喜欢掰手指节的人，一般工于心计，总在动脑筋，思索着什么；一坐下就跷起二郎腿的人，有点自命不凡，高人一等；走路总是驼背低头的人，一般都心事较重，仿佛有挥之不去的烦愁；如果没事就两眼发直的人，一般思想较迟钝。

3. 从常见言辞上识别人

说话总是迫不及待加上"我认为""我觉得""我想"等字眼的人，一般都自以为是，刚愎自用，以自我为中心；如果说话总是加上"可以吗""行不行"等字眼的人，一般都自信心不强，处事犹豫不决，拿不了大主意；如果说话总是模棱两可、含含糊糊的人，一般都是老奸巨猾，老于世故，城府较深；如果说话总是喜欢夸大其词，虚张声势的人，一般都不值得信任。

有些表情的浮现，其实都发生在瞬间，持续的时间，往往连1秒钟都不到，有人称为"微表情"。一般人难以察觉到这些微妙的表情，但它们却真实存在，并向我们传递着无数的信息。

尽管人很复杂，但世上任何事情，都有踪迹可循，有端倪可察。当看到别人眉开眼笑，我们知道，这是内心高兴的表现；看到对方怒不可遏、义愤填膺，我们知道，这是对方发脾

气的伴奏曲；看到对方说话吞吞吐吐、支支吾吾，可见，其中
必有隐情，或有不可告人的秘密；有的人说话，像竹筒倒豆
子，直来直去，可知，对方多是个爽快之人；一个喜欢穿奇
装异服、打扮另类，大概可知，对方个性很强，喜欢独树一
帜，渴望表达。

总而言之，人的每个细小的表现，都是内心情感的一种
流露，所谓"喜形于色"就是这个道理。只要用心观察，行为
细节会告诉你很多。

有这样一则小故事：

一位表演大师在上场前，他的弟子告诉他，鞋带松了。
大师点头致谢，蹲下来认真系好。等到弟子转身后，他又蹲下
来，将鞋带解松。

一个旁观者看到了这一切，十分不解地问："大师，您为
什么又要将鞋带解松呢？"

大师回答道："因为，我扮演的是一位劳累的旅人，让鞋
带松开，则可以表现旅人长途跋涉的疲劳憔悴。"

"那么，你为什么不直接告诉你的弟子呢？"

"他能细心地发现我的鞋带松了，并且热心地告诉我，这
说明他很关心我，我要保护他的这种热情，及时地给他鼓励。
至于，将鞋带松开的原因，将来，会有很多机会告诉他的。"

做人的原则，可通过处世、做事、生活三方面体现出
来。而多数人的做人原则，则可以通过一些事的行为细节大致
看清。比如：

现在，越来越多的企业，在招聘员工时，会安排"行为细节考察"项目，就是因为企业认为从小节，可以大概看出一个人的基本素质。还有的企业家提出了"行为细节决定成败"的理论。如由家长陪同找工作的应届大学生，不容易被录用，甚至，可能连应聘材料都不用看，因为企业都知道，由家长陪同找工作的大学生，工作能力不强。

耐心倾听别人的意见，是一种美德。善于倾听别人意见的人，品德较好，而不愿倾听别人意见的人，一般比较自负。而且，一般那些出大错的人，多是自负的人。

不能正确对待家人和亲友者，不大可信，因为，他肯定也不大可能正确对待别人。

轻视、看不起别人能力者，一般都不太厚道。

在公共场所，随地吐痰者，为人会较自私，因为，故意违背众所周知的社会公德，这类人不可能不自私。类似的还有：在公交车上该让座而不让，拾到别人的钱物，不想还者。

一个人，如果喜欢随意说谎，说明他诚信较差，最好不要和他做交易。

公务员若该办的事故意拖着不办，不是政客便是贪官。

教师若喜欢搞有偿家教、有偿补课，其师德和教学水平不会很高。医生如果吹嘘昂贵的药，而不按病人要求开同效便宜的药，那么必定医德较差，医术也不会太高明。

商家的销售方式，如果繁杂绕人，广告花里胡哨，浪费顾客时间、精力，多数居心不良。

交谈时脏话比较多的人，一般对别人诚意也不多。因为，喜欢讲脏话是不尊重别人的表现，不懂得尊重别人，还谈什么诚意?

实事求是地评价别人的品德、能力和业绩,是君子所为,恶意贬损别人的品德、能力和业绩,是小人所为。

做不好必要之小事者,一定做不好大事。要做大事,须从小事做起。做大事的人,做小事较少,但不等于不会做相关的小事。

容易浮躁的人,一般是实力不强,而又想出人头地的人,可能是眼高手低者。

当一个人,说到某事时吞口水,这是强烈的情感体现,说明心理承认,认同某件事,但嘴上却否认。

可见,想知道一个人的品性如何,就去看他在日常生活中流露的行为细节。尽管人人都想掩饰一些不好的东西,但人们身上的行为细节处,却会无情地展示它们。

了解是合作的前提

倘若你想要和别人合作、相处,首先就必须懂得了解别人。

纵使你可以告诉自己,你为挡在人行道上的车子而生气,这是可以原谅的,但又应该采取什么态度呢?

一般人总是要提出意见,批评别人。当别人的行为不如我们所想象时,我们就会显得不高兴。哪怕程度并不严重,也会对别人造成或多或少的压力或紧张。

在一个人际关系讨论会上,讲师对与会人员提出这样一个问题："你们有没有人觉得自己无法和别人相处？"结果举手的寥寥无几。

然后请他们写出三件最令他们生气的事。从 1000人的回答结果中显示：其中有998人，生活中的牢骚都是因为别人的关系。

这些人对于他们的答案又有何说辞呢？就像这样："我和你，始终相处得很好、很融洽，直到你做一些我不喜欢的事，我才没办法和你相处。我觉得很生气、懊恼、难过。"

一个人倘若想要和别人建立良好的人际关系，绝不能要求别人依照他规定的模式做事，或处处请求利益。解决人与人之间不愉快的唯一方法，就是去了解。

你的了解能力怎样？为了确切掌握与人相处的能力，你必须身临其境。

假设你在路上开车时，在路边站着一个小男孩向你挥手，车子经过他时，你赫然听到啪的一声，这才知道原来他用石头砸你的车子。

于是你猛然刹车，怒火冲天地走下车，朝这个小男孩走去，越走越气，心里盘算着，一定要把他带到他父母面前，指责他，并叫他们赔偿你的损失。

当走到这个孩子面前时，你心中的怒气正好达到顶点。

他站在你面前害怕得哭个不停，抬头抽泣说："我实在非常抱歉，但是我想不出别的方法可以让你停车。"然后他用手指着路边草坪上躺着的人，又说："我小弟病得很厉害，请你救救他吧。"

这时，你心中的那股怨气会怎么样呢？它将会如火焰上的冰柱般迅速溶解了吧！为何？因为现在你了解了这个小男孩为何用石头砸你车子，所以你原谅他了，心中的愤怒也随之烟消云散了。

让我们来看看另一个例子。假如你妹妹嫁给一位很有成就的律师，最近几个月，他对她的态度改变了。他变得多疑，占有欲强，甚至对她的行动自由加以限制。只要她离开，他一定会如影随形地跟着她，禁止她单独出门，她不停地抱怨，但他还是不准她单独去购物。

知道他对你妹妹的态度后，你非常生气，于是决定和家里的其他人讨论解决的方法，你们一致同意必须对他采取行动。

后来你接到一位心理学家打来的电话，他邀请你到他的办公室去。你去了之后，他请你回忆并描述一下你妹妹小时候的情形。他解释说你妹妹是个有盗窃癖的人，也就是说她控制不了自己偷窃行为的冲动。他还指出你妹夫始终承受着这种压力，不愿为人知道，直到别人揭开了她的这种病态。

听了这个解释之后，你对他的改变有什么感想？你还觉得愤愤不平吗？可能不会了，因为你已经了解他的行为。

假设你是个做保险的人。原先你和你的另一半约好星期四晚上共进晚餐，一起玩桥牌。星期四早上你和一个客户洽谈愉快，而且他答应带他太太到你办公室来详细了解保险条款，并签订合约。不巧的是，他们只有星期四晚上才有时间和你见面。

你颓丧地打电话回家，告诉"另一半"今天不能回家吃晚饭，电话的另一头传来失望的音调，这是在意料之中的。

就这样你必须留在办公室，不能回家吃饭，你只好跑出去买了一份三明治、一杯热咖啡当晚餐。这天晚上下着大雨，天气显得格外寒冷。于是你越想越觉得有点对不起自己，这么凄冷的晚上，竟然不能回家享受温暖，以及和朋友相聚的乐趣。你一面没趣地喝着咖啡，一面等你的客户，然而约定的时间已过，却仍不见他们到来。

又过去了半小时，他们还是没来。过了一小时，你实在等得不耐烦了，所以打电话到客户家，结果无人接听。过了一个半小时后，你才决定锁了办公室门回家。你心里愤愤地说："至少，礼貌上他们应该打个电话来。"

这个原本快乐的晚上泡汤了。直到上床前，你内心还迟迟不能平静，你觉得应该把这个客户列为"拒绝往来户"。

第二天早上大约9点钟，你坐在办公室桌前，桌上的电话铃响了，是那个客户打来的。

他急急地解释说："昨天晚上没到你办公室来，我非常抱歉。因为下雨路滑，我们在路上发生了意外。我的车子撞车了。从昨天晚上一直到现在，都在医院里，我曾打过电话，不过那时你可能走了。"

你还会生他们的气吗？你还会认为他们不讲信用，说话不算数，而且应该"拒绝往来"吗？当然不会。你可能还会有一点愧疚感，因为他们是在来拜访你的路上出事的。现在你了解了吧！

每个人都渴望被别人了解，这种心态的产生是由于他们不了解自己。苏格拉底的不朽名言，"了解自己"所影射的是一种追寻的精神——而不是一种目的。

　　心理学家伯格博士说得好："的确，人类内心深处始终渴求被了解，就像花朵需求阳光的照射一样。"

　　所以安东尼·罗宾说，人类需要被了解。还有什么比和别人达成良好的沟通，付出你的关心去了解别人，更能和他们相处愉快呢？

　　有多少家庭的破碎，就是由于彼此难以满足被了解的渴求而造成的。你看很多男女，彼此之间并没有真正的爱，他们也不重视了解彼此。"家里没有人了解我"这虽然是一句老话，但是它所包含的意义，却是值得我们深思的。

　　另外，受雇的职员也可能发出不平之鸣："我知道我有时候傻里傻气的，而且好像不怎么努力。我可能会上班磨磨蹭蹭，午餐时在餐厅发牢骚。但是在你炒我鱿鱼，或者认定我在公司没有贡献之前，请替我想想。我家里有一大堆问题，而且整天站着，将资料放进档案，这样机械性的工作使我觉得非常疲倦。求求你，了解我吧！"

　　小孩子也是一样："我的成绩不及格，但是爸爸、妈妈，在你们处罚我之前，你们为何不先了解我。我努力了，但是我就是讨厌那门课，而老师又老是给我挑毛病，有一次还在全班同学面前罚我站，害我好糗。我知道你们可能会禁止我一个星期内出去玩，但是求你们试着了解我一次就好了。"

　　买东西的人可能也有意见要对推销员说："等一下，你讲了一大堆道理，就是要找卖出你产品的理由。我知道你准备了很多精心设计过的方法要叫我掏腰包，但是你怎么会知道我需要你所卖的东西？你并不了解我。"

　　推销员通常都不怎么用心，他们只是一味相信，他们的产品就是客户所需要的，他们从来不试着去了解客户，然而这却是维系任何一种人际关系所必备的。了解必须是经过相互沟通，而不是想当然的事。有时候需要以言语或行动表达出来，有时却需要心照不宣的默契，只需几句话也许就能打开别人心中的结。

不要忘记了一条解决人际关系的法则："你给别人需要的，他们也会给予你所需要的。"

倘若你没有付出了解的心，你就甭想跟别人愉快相处，无法跟孩子进行沟通，工作的进展可能缓慢，也无法和你周围的人发展更深刻、更亲切的人际关系。

与人相处时，这个原则你必须随时牢记，并努力去做。虽然有时候会遇到困难，而有时你可能会忘记，但是尽力去做。当你初尝果实时，你就能获得莫大的鼓励。

达到了解的效果，并无一定的方式。倘若真的有，世界上就不会发生战争、分离、家庭破裂、斗争或暴力犯罪事件。不过我们可以提出一些想法和意见，倘若每个人都能遵循，那么起码可以增进人与人之间的了解，真正能防止在人际关系上挫败。

看透对方心理，避免成为受害者

生活是美好的，生活也是严酷的，中国的一句古训："害人之心不可有，防人之心不可无。"都充分说明了，对待生活和他人的辩证关系：一方面，生活带给我们美好的感受，另一方面，生活的磨难，又不得不让我们时刻警惕着；一方面，对待他人，不应该存有伤害之心，另一方面，在对别人没有足够的了解时，须对他人有所防备，防备他人存有坑害自己的心。

活在这个世上，我们必须与各种层次的人打交道，一定会与许许多多说不清的风险相遇。如果缺乏对自己基本负责的态度和对内外风险的防范之心，就很有可能造成生命财产、情感、事业等多方面的伤害。

如何保护好自己，让自己的生命、事业、财产等都能得到必要的保证，这就是基本的"生存智慧"。

由于社会的快速发展，人与人之间的关系也越来越密切，人际交往成了一门高深且必修的学问。如何把握相处之道、讲究礼貌、彼此尊重、小心防备，都成为实际生活中重要的一课。

今天，你可能看到，几乎每个人都面带微笑向你走来，那面孔，无论是熟悉的，还是陌生的；看到中途相逢的双方，相互拍肩问候，溢美之词洋洋不绝于耳，不论是故友，还是初识；看到一方请求帮助时，另一方拍胸顿首，信誓旦旦地允诺。于是，你便也展开了欣喜的容颜，迎向他们，以不设防的诚挚与善良，向他们敞开心扉。

然而，当你带着这份欣慰，带着这份放心大胆，欢欣阔步地行走于漫漫的人生长路时，却不得不惊醒，那些微笑原来并不都发自内心。那些笑意背后，隐藏着荆棘，脚下很可能也是个陷阱。

无论是谁，都不希望自己在将登临山顶之时，突然遭到上面石头的砸击，都不希望在自己渡过急流时，船桨被折断了。那么，该如何躲开这些突然的袭击呢？

大千世界，芸芸众生，人际关系错综复杂，高深莫测的人际社会心理，不容你忽视，不容你粗心对待。因此，为人处世，还有很重要的一方面，即在这复杂的人际关系中，掌握人际关系交往中，攻防的技巧，躲开那些背后的袭击。

如果，你和某人只是普通朋友，虽然也一起吃过饭，但还谈不上交情；如果你和某人曾是很要好的朋友，但有很长一段时间未联络，感情似乎已经淡了。

如果这样的人，突然对你热情起来，那么，你就应该有所警觉，因为，这种行为表示，他可能对你有所求，或有所图。之所以用"可能"这两个字，是为了对这样的行为，该保持一份客观，避免以小人之心度君子之腹，误解对方的好意。因为人是有感情的动物，他有可能在一夜之间，因为你的言行，而对你突然产生新的好感，就像男女互相吸引那样；不过，这种情形不是太多，而你也要尽量避免这种联想，碰到突然升高热度的友情，你要冷静待之，保持适度的距离，才不会被烫到。

可以从自己本身的状况做检查，如果确定这突然升高热度的友情，真的有没有"危险"之后，你的态度仍要有所保留，因为这只是你的主观认定，并不一定正确。所以，面对这突然升高热度的友情，你可按以下几点处之：

不推不迎。"不推"是不回绝对方的"好意"，就算你已经看出对方有所企图，也不要马上回绝，否则很可能立即得罪一个人；但也不能迫不及待地迎上去，因为，这会让你无法抽身。一旦狠下心抽身，又要得罪对方，自己就会变得很被动；不推不迎，就好比男女谈恋爱，一下回应得太热烈，可能会让自己迷失，若突然斩断"情丝"，也会伤到对方。

冷眼以观。"冷眼"是指不动情，因为一动情，就会失去判断的准确性。此时，不如冷静地观看，看他到底在玩什么把戏，并且做好防御，以备措手不及。一般来说，对方如果对你有所图，都会在一段时间之后"图穷匕首见"，亮出他的真正目的，他是不会跟你长时间耗下去的。

礼尚往来。对这种友情，你要"投桃报李"，他请你吃饭，你送他礼物；他帮你忙，你也要有所回报，否则，一旦他有所企求，你会"吃人嘴软，拿人手短"，被他牢牢地控制住；想要临阵脱逃，恐怕就没那么容易了。

"防人之心"，大家经常作为善言提醒自己，并常常馈赠友人、亲人。在多数人心里，保持一定的、足够的防人之心，是天经地义的，是做人的尺度和底线。

"防人之心不可无。"讲的是，凡事要"多一个心眼"，所谓"防人"，其实就是，采取必要的防卫手段，让他人无法加害自己。

在战国时，楚王十分宠爱一位叫郑袖的美人。后来，楚王又得到一位新美人。楚王开始喜新厌旧，把郑袖冷落到了一旁。郑袖是一个工于心计的女人，便暗暗筹划，时刻找机会算计新美人。

郑袖先是想尽办法与新美人亲近。新美人对郑袖的热情和蔼，没有任何怀疑，反倒心生感激。

有一天，郑袖悄悄地告诉新美人：楚王心情不好时。如果看到女人掩口遮鼻的羞涩模样，就会变得十分开心。

新美人信以为真，每当楚王心情不好时，她便做出掩口遮鼻的羞涩姿态来。楚王觉得很奇怪，这时，郑袖乘机告诉楚王：新来的美人私下说，大王身上有臭气，见面时得掩着鼻子才行。

楚王一听，怒不可遏，便令人割掉新美人的鼻子，赶出宫去。于是，郑袖又夺回了楚王的宠爱。

不管是数千年前，还是现实的生活，人心都是一样的，隔着肚皮，其复杂性，充分地向我们勾画了一幅人心难以测量的图画。人数过百，形形色色，你知道别人是啥样的？你把心掏给他，他回报的不是一颗火热的心，而是冰冷的、蛇蝎般恶毒的心。以下两个小故事不得不让我们觉得心寒。

第一个故事：

有一个学生，去逛百货公司，在他临出门时，突然有个女人匆匆忙忙地跑来对他说："我的肚子痛，必须上洗手间，可是，我跟我先生约好了，他就在门口的一辆白色的车子上等我。能不能麻烦您，转告我先生一声。"说完，一并塞了两包东西给学生，"这也麻烦您交给他。"

学生还没走出门，就被百货公司的人抓住。学生抱着两件没有付钱的贵重商品，不知所措地站在那儿。因为，人赃俱获，有口莫辩。至于先前说肚子痛那个女人和所谓的白色轿车，则消失了踪影。

第二个故事：

某个人单独去旅行，在飞机上他遇到了一位投缘的乘客，两个人结伴下机。在提取行李通过海关之前，新认识的朋友说："我的行李实在是太多了，能不能麻烦您，帮我带一小件。"单独旅行的人心想，自己的东西反正不多，就顺手接了过来。

接着，他就被海关的人员以携带毒品走私的罪名，逮捕了。

他大声对着还在另一个关口，接受检查的新朋友喊，那人却说不认识他。于是。他被带出了海关大厅。悲愤的呼喊声，仍然从走廊的尽头传来，而大厅里的人都摇着头说："罪有应得的贩毒者，过去不知道带进多少毒品了！"

而那位飞机上认识的新朋友也叹气说："好险哪！我差点被栽了赃！"

把这些故事说给你听，并非叫你不要帮助人，而是希望你慎重。尤其是许久未见的朋友，虽然在从前可能有很好的交情，不过由于并不了解他近来的生活，那么早期建立的信任，也就应该重新评估才对。

在这个人性光辉泯灭与人生价值混乱的社会，你尤其应该慎重时刻提防。

记得有一次，我采访中华航空公司在纽约的一个酒会，由于当晚正好有客机直飞台北，便赶到机场，将一包录影带交给华航的朋友，托他们转回公司。

那位朋友对我说："咱们是老朋友了，这又是华航的新闻，但是为了慎重，我必须打开检查一下。"

日后，我经常想起这件事，我不是对那位航空公司的朋友不高兴，而是觉得，自己理当主动地先打开包装，让对方检视，而不应该等对方提出。如果他碍于情面不说出来，那岂不是要在心中嘀咕很久吗？

在我们的生活中，你必有许多旅游的机会，别人可能托你带东西，你也可能请朋友传递什么，希望你可以以上面的几个故事作为参考保护自己，也应懂得减少朋友的困扰。

人际交往并不可怕，大多数人依旧是善良可信的，但我们要清楚地看到，那些事实证明生活中不仅有好人，还有小人。对此类人，必须提高警惕，做好防备之心，以便能够应付自如，从而更好地搞好人际关系，求得自己在社会中有更长远的发展。

掌握行为心理学，看透虚伪与真实

什么是虚伪？虚伪就是虚假、不真实的态度，以及不真实表达自己内心态度的行为。

虚伪，是虚伪者的形象工程。虚伪的目的，最终是关于利益。这里的利益，包括物质方面，也包括精神方面。

法国的哲人，拉罗什福科曾经说："伪善是邪恶向德行所表示的一种敬意。"邪恶，要装出有德行的样子，这说明邪恶自知理亏心虚；这说明，邪恶知道，邪恶若不加掩饰，在社会上就会吃不开。所以，虚伪实际上是邪恶向德行表示敬意。

虚伪者都喜欢自己神化自己，而神化的目的：一是，让别人产生崇拜，从而为自己带来心理满足感，这方面体现的收益，主要是精神收益。二是，让别人产生希望与期待。

人是天生的弱者，人总是希望有一个强者和权威，能为自己解决现实中的种种难题。而虚伪者，总是喜欢将自己装扮成人们心里需要的那位"强者"。

在生活中，究竟该如何辨别虚伪的人呢？

虚伪的人，一般在笑时，只运用大颧骨部位的肌肉，只是略带牵强地动了动嘴。而眼睛周围的轮匝肌和面颊拉长，这就是假笑。因此假笑时，面颊的肌肉是松弛的，眼睛不会眯起。

一些狡猾的撒谎者，会将大颧骨部位的肌肉，刻意层层地皱起来，补偿这些缺憾。这一动作，会影响到眼轮匝肌和松弛的面颊，并能使眼睛眯起来，从而，使假笑看起来更加真实可信。

虚伪的人会有意识地让假笑保持的时间较长。而真实的微笑，持续的时间只能在2／3秒到4秒钟之间，其时间长短，主要取决于当时情绪的强烈程度。而假笑，则不同，它就像聚会后仍然迟迟不愿离去的客人一样，让人感到别扭。

这主要是因为，假笑缺乏真实情感的内在激励，所以，他们不知道该何时将微笑结束。其实，任何一种表情，如果持续的时间超过10秒钟或5秒钟，大部分可能是假的。

只有一些强烈情感的展现，如愤怒、狂喜和极度的抑郁等，属于例外，而其他这些平常的表情，持续的时间一般是比较短暂的。

当他们看到别人有感情的真笑自然退去时，虚伪者的假笑，也会随之而去。对于绝大部分表情来说，突然的开始和突然的结束，就表明我们在有意识地运用这种表情。

只有惊奇是例外的，它一闪即过，从开始保持到停止，总的时间，一般不会超过1秒，如果持续时间更长，他的惊讶就有可能是装出来的。

一个更为复杂也更为普遍的现象是：他们会说大话唬人。当人们感到他那伪装的表情失败了，在通常情况下，他还会用微笑迅速将其掩盖。而有些虚伪的人，则通过说大话来唬住对方，来隐藏其内心的真实想法，而这时，我们能察觉到的，常常只有大话本身。

一般来说，虚伪在现实中还有以下几种表现。

1. 虚荣

虚荣在心理学研究上，是把它当成一种情绪来看的，而这种情绪，人人有之，多寡不同。

从心理学上看，虚荣心显示了一种自恋人格。自恋人格的核心，是一种被夸大了的自我重要性，期待被他人认可，期待他人认为优秀。但事实上，并没有实际可与之相匹配的成就。虚荣心或自恋人格强的人，都喜欢做有关成功、权力、聪明、利益、浪漫型的恋爱等，不切实际的白日梦。

虚荣心强的人，对他人的成就和优点，很容易产生妒忌，却自恋地相信，是他人妒忌羡慕自己。这其实是一种认识事物的方式和思维方式的扭曲。正是因为这种扭曲，这种人，对他人缺乏在情感上的认同，不会真正关心他人情感上或实际上的需要。

虚荣心强的人，喜欢显示自己的重要性。在对一般人、在对他认为不是很重要的人面前，显得高傲自负，看不起他人；而在他认为是比自己优秀的人面前，却显得很自卑和缺乏自信。这种人，还喜欢巴结有身份的人，喜欢用他人的名字来炫耀自己。这点在心理学上称为"借来的荣誉"。这种人，不懂得做人不卑不亢的可贵，也不会理解得志不狂、失志不馁的有品位的人格及精神的。虚荣心强的人，一般不太会客观考虑实际的需求，而脑子里整天想的是面子，就是要做给他人看。

虚荣心理是人格的一部分，在很大程度上与我们成长的环境有关。虚荣心强的父母，一般都培养出虚荣心强的孩子。在这种家庭里，面子是十分看重的；在这样的家庭里，攀比心理也显得特别重。

另外。虚荣心与焦虑相关联。因为虚荣心与自卑感是紧密联系在一起的。而藏在自卑感里面的，实质上是强烈的焦虑感和不安全感。说穿了，虚荣心强的人，在他那服装、房子、车子、傲慢的姿态、苛刻批评、讽刺他人，以及社会地位的后边，是焦虑，是一种实质上的自卑。

焦虑感，进入我们的人生，往往是在童年和青少年期，一旦焦虑成为人格的一部分，它将会待在那里，时不时会呈现出来。一定量的虚荣心和焦虑，可以刺激人对生活的追求，并把事干好，但如果使用过度，就成了一种心理病态。

2. 虚套

虚套有三种表现：

一是，十分注重表面的空洞的俗套，主要表现在言辞、礼节方面。清代诗人袁枚在《随园诗话》卷一中写道："若今日所咏，明日亦可咏之；此人可赠，他人亦可赠之，便是空腔虚套，陈腐不堪矣！"

二是，空敷衍，形式上做到即可，忽略实质内容。在《二十年目睹之怪现状》第四回中写道："有些虚套应酬的信，我也不必告诉继之，随便同他发了回信，继之倒也没甚说话。"这里的虚套，就是一种空敷衍的表现。

三是，注重空的大的场面，喜欢摆花架子。

虚套的实质是：形式成了内容，内容成了形式；手段成了目的，目的成了手段。虚套在某些情况下，也有存在的必要，但不能过度看重。形式固然需要，但说到底，内容才是根本。

3. 虚张

虚张的特点是虚假，主要有两种表现。

夸大其词，是虚张的一种主要表现。做了三分成绩，就要说是十分，但对缺点和不足，是尽量掩盖和缩小。

虚张声势，是虚张的另一种主要表现。虚张声势与夸大其词有所不同，夸大其词是在原有的基础上放大，而虚张声势就更离谱了。

虚张声势，是无中生有，是声东击西。明明实质内容一点没有，说起来却是天花乱坠。明明目的是个人利益，却要说成为公共利益奋斗。虚张声势，实质就是明修栈道，暗度陈仓。

虚伪是一种社会异化和浮肿现象。它对社会的发展、危害是巨大的。虚伪的实质，是不真诚。

格拉宁说："虚伪不可能创造任何东西，因为虚伪本身什么也不是。"泰戈尔说："虚伪永远不能凭借它生长在权力中，而变成真实。"

虚荣心强的人，考虑的主要是别人的评价。买房子、购车子，主要目的不是实用，而是为了攀比和给别人看。结果是，面子和形式有了，但丢失了里子和内容。俗话说就是："死要面子，活受罪。"虚套会导致不必要的华丽，既浪费时间，也浪费金钱，而实际作用甚小。

虚张则容易导致社会信息失真，增大了相关决策主体决策失误的可能性。另外，虚张本身，需要一些社会资源的投入，这对社会而言，也是一种无谓的浪费。

虚伪，意味着谎言的诞生，说了一个谎，就要用另一个谎言来圆第一个谎言。

虚伪的人，对着一些自己喜欢或比自己优越的人，乐意充当"马屁精"。可以说虚伪的人，最能干的还是心理战术，他们会不顾一切地甚至不择手段地达成自己既定的目的。如果说，虚伪的人总能被别人喜欢，那不如说，他们总能骗到别人。

他们表里不一、口是心非、笑里藏刀，做出违心的恭维。对于人和事，尤其是对领导和对领导所做的决策，本来心里是有不同的意见或心里根本持反对态度的，而嘴上却是什么"对对、正确……"之类的话。

当受到批评或者做检讨甚至挨罚款了，心里虽然很不舒服，但是嘴上却说："经过领导的帮助教育，使我对自己的错误，有了深刻的认识，使我的思想，有了很大的提高……"之类的话。

或者，对于某领导或某人本来就很看不惯，觉得他是个平庸之人、无能之人，但嘴上会说"水平高、能力强……"之类的违心话语。

而对于要做的某件事，本来心里非常不乐意、很不情愿，却又装出很高兴、很愉快的样子……凡此种种虚伪的口蜜腹剑，不能尽述。

这些行为你都懂吗

人们在使用言语交谈时，容易忽略一个重要的辅助手段，那就是微表情。

微表情甚至可以替代语言直接发挥自己传播交际信息的作用。

已故美国著名记者约翰·根室在《回忆罗斯福》一书中写道："在短短的20分钟里，他的表情从稀奇、好奇、吃惊或关切、担心、同情、坚定、庄严，还有绝伦的魅力，但他却只字未说。"

心理学家研究结果表明，从人们获取信息的渠道来看，只有11%的信息是通过听觉获得的，83%的信息通过视觉获得；而精妙地表达一个信息应该是7%的语言+38%的声音+55%的表情和动作。

可见，不注意表情和动作的交流，不仅会丧失大部分沟通情感、传递信息的渠道，也会给他人以平淡拘谨、毫无生气的呆板印象。

微表情是内在情感的外部显现，它通过眼神、面部肌肉运动、手势等诸多无声的体态语言将有声的语言形象化、生动化，以达到先"声"夺人、耐人寻味的效果。它能充分弥补语言表达的不足，并帮助听话者深刻、准确地把握言事意旨，有效地防止因言语表达的空泛而带来的误解。

长辈在直言怒斥后生时辅以爱抚、安慰的眼神，会叫人心悦诚服；妻子在需要袖手旁观的丈夫帮忙做家务时，伴以一个亲昵、温柔的举动，会让丈夫饶有兴趣地来参与；上司在向下属安排工作时附上一个善解人意的微笑，则能令人心情舒畅愉快、潜心攻关，等等。多一点抚慰，少一分隔阂；多一点微笑，少一分误解。灵活有效地使用微表情，给平淡乏味的语言润色，就会避免言语沟通中的麻烦与障碍。

微表情并不神秘。在日常生活中，有许多微表情是我们大家所熟知的。为人们所熟知的比较容易察觉的微表情有以下几种。

五官：眉毛上扬表示询问和质疑，眼睛睁大表示惊疑、欣喜或恐惧；鼻翼微微掀动可能是心情激动的反应；微笑是肯定的象征，具有向对方传达好意，消除不安的作用。

面部：脸红常由于害羞和情绪激动；脸色发青往往出现在强烈气愤、愤怒受到抑制而即将爆发之前；脸色发白常常是由于身体不适应或在精神上遭受了巨大打击。

躯干：呼吸急促时，胸部或腹部会起伏不停，这是极度的兴奋、激动或愤怒时的表现；肩部微微耸动也可能是抑制激动、悲伤或愤怒的流露；挺胸叠肚是满不在乎的表示；哈腰弓背是畏缩退让的表示。

四肢：手指轻敲桌面和脚尖轻拍地板可能代表内心焦躁不安；手指发颤是内心不安、吃惊的表现；手臂交叉可能是一定程度的警觉、对抗的表示。

上述这些微表情我们似乎都不陌生，只是没认真想过罢了。这说明微表情就在我们的生活和工作当中。

当然，微表情远不止这些，在后面的章节我们将详细论述。

总而言之，微表情是一种人人都能"读"懂的最大众化的"语言"，掌握了这种"语言"，我们便能更加顺利地与人沟通，在人际交往中应对自如。

第二章
人际交往必须掌握的行为心理学定律

　　一句智慧的话，一条睿智的定律，往往能给读者一种醍醐灌顶、豁然开朗的感觉。

　　本章所选取的行为心理学定律，每一条都发人深省。相信读者在领悟之后，在今后的人生中能更加顺利。

边际效用递减：好汤最多吃三碗

杰米扬准备了一大锅鱼汤，请朋友老福卡前来品尝。

"请啊，老朋友，请吃啊！这个鱼汤是特别为你预备的。"杰米扬知道老福卡最爱喝鱼汤。

果然，老福卡喝得津津有味。

"再来一碗！"杰米扬可不是小气鬼，他是热心肠，而且很好客。

"不，亲爱的朋友，吃不下了！我已经吃得塞到喉咙眼了。"老福卡回答。

"没关系，才一小盆，总吃得下去的。味道的确好，喝这样的鱼汤也是口福呀！"

"可我已经吃过三碗了！"

"嘿，何必算那么清楚呢？哦，你的胃口太差劲！凭良心说，这汤真香，真稠，在盆子里凝结起来，简直跟琥珀一样。请啊，老朋友，替我吃完它！吃了有好处的！喏喏，这是鲈鱼，这是肚片，这是鲟鱼。只吃半盆，吃吧！"杰米扬大声喊来自己的妻子，"珍妮，你来敬客，客人会领你的情的。"

杰米扬就这样热情地款待老福卡，不让他休息，不让他停止，一个劲儿劝他吃。老福卡的脸上大汗如注，勉强又吃了一碗，并装作津津有味的样子，其实却实在吃不下了。

"这样的朋友我才喜欢，那些吃东西挑剔的贵人，我想想就觉得可气。"杰米扬嚷道，"真痛快！好，再来一碗吧！"

奇怪的是，老福卡虽然很喜欢喝鱼汤，却马上站起身来，赶紧拿起帽子、腰带和手杖，用足全力跑回家去了。

从此，老福卡再也不进杰米扬的门。

以上是著名寓言家克雷洛夫写的一则寓言。对这则寓言，一般人的解读不外乎是：再好的东西，如果不加节制地强加于人，也会适得其反，使人难以忍受。这种读后感当然也没有错，只是不够深刻。

从经济学的角度来看，这则寓言说的其实是一种叫"边际效用递减"现象，又被称为"边际收益递减"。"边际效用"是经济学中一个非常重要的概念，指在一定时间内消费者增加一个单位商品或服务所带来的新增效用，也就是总效用的增量。在经济学中，效用是指商品满足人的欲望的能力。或者说，效用是指消费者在消费商品时所感受到的满足程度。

而边际效用递减，指的是在一定时间内，在其他商品的消费数量保持不变的条件下，随着消费者对某种商品消费量的增加，消费者从该商品连续增加的每一消费单位中所得到的效用增量即边际效用是递减的。

经济学的基本规律之一也是边际效用递减。经济学家在用边际效用解释价值时，引发了经济学上一种革命性的变革。因此，边际效用理论是现代经济理论的基石，它的出现被称为经济学中的"边际革命"。

具体到我们的生活中，边际效用递减的例子比比皆是。例如，无论男女，对初恋情人总是最为难忘。因为是第一次爱，感情难忘值是最高的。再比如，有一个地方很好玩，是旅游的好去处，如果你第一次去，就觉得很新鲜新奇，玩得很痛快，觉得收获也不小，但如果去的次数多了，就不觉得有那么好玩了。

因此，经济学家茅于轼先生曾在文章《幸亏我们生活在一个边际收益递减的世界里》中感叹："如果收益不递减，而是永远成比例，甚至还递增，我们就会面临一个疯狂的世界，全世界的人醉心于单一的消费，而且这种消费由一种极端畸形的方式在生产，譬如全世界只种一块地。然而收益递减率无法用任何逻辑的方法加以证明，所以它只能当作经济学中的一条公理被接受。"

想想也是，若是没有边际效应递减，你喜欢的地方去一百次也不厌倦，每天吃自己喜爱的美食、做自己喜欢做的事情……那样，在朋友与家人眼里，是不是会很恐怖呢？

在亲子教育方面，边际效用递减的例子也有很多。有些家长看了《告诉孩子你真棒》之后，就以为"夸奖"是教子的不二法门，于是一天到晚地夸奖孩子这也"真棒"那也"真棒"。殊不知，"棒"太多太滥，在孩子心里根本激不起一丝涟漪。同样，批评也是，天天批评孩子，孩子最后都无所谓了，在批评面前视若无物。这时家长又有了继续批评的理由——你怎么那么脸皮厚……可是，是谁造成了这个恶果呢？不是别人，正是家长自己。

在对边际效用递减进行了解之后，在我们的实际生活中，就可以尝试着运用它。一方面，努力让自己别成为"杰米扬"。在允许的范围内，试着变化一些新的方式，哪怕是给家人做道新式的菜，说句很久没说的"我爱你"。另一方面，如果自己是"老福卡"，要领会到"杰米扬"的好意。妻子十年如一日地给你洗衣做饭，作为"老福卡"的你，是否因为边际效用递减而无视了她？

如此种种，不一而足。若举一反三，无论对于工作还是生活，均大有裨益。

凡勃伦效应：为什么有人专挑最贵的买

看过冯小刚导演的电影《大腕》的人，应该对里面的一段经典台词记忆犹新，其讽刺的就是某些人的炫耀性消费："一定得选最好的黄金地带，雇法国设计师，建就得建最高档次的公寓，电梯直接入户，不行最少也得四千平方米。什么宽带呀，光缆呀，卫星呀，能给他接的全给他安上……什么叫成功人士，你知道吗？成功人士就是买什么东西，都买最贵的，不买最好的！"艺术来源于生活，但高于生活。当年冯小刚的电影可谓极尽夸张以塑造鲜明形象，孰料今日人们的炫耀性消费比电影情节有过之而无不及。什么煤老板几千万嫁女之类的新闻不绝于耳。一个多世纪前，凡勃伦写了《有闲阶级论》，被制度经济学派的开山鼻祖凡勃伦称为炫耀性消费。在凡勃伦的书里，商品被分为两大类：非炫耀性商品和炫耀性商品。其中，非炫耀性商品只能给消费者带来物质效用，炫耀性商品则给消费者带来虚荣效用。所谓虚荣效用，是指通过消费某种特殊的商品而受到其他人尊敬所带来的满足感。他认为：富裕的人常常消费一些炫耀性商品来显示其拥有较多的财富或者较高的社会地位。

后来，这种现象在经济学上被称为"凡勃伦效应"，这种炫耀性消费的商品也被称为凡勃伦物品。后来的经济学家还画出了一条向上倾斜的需求曲线——价格越高，需求量越大。经济学家发现，凡勃伦物品包含两种效用，一种是实际使用效用，另外一种是炫耀性消费效用。炫耀性消费效用由价格决定，价格越高，炫耀性消费效用越高，凡勃伦物品在市场上也就越受欢迎。

凡勃伦认为，有闲阶级在炫耀性消费的同时，他们的消费观点也影响了其他一些相对贫困的人，导致后者的消费方式也在一定程度上包含了炫耀性的成分。此言不虚，看看当今的新闻：今天你割左肾买苹果手机，明天我卖右肾换游戏装备。而那些舍不得割肾的，也可以花5元一个月租个软件，在聊QQ或发微博时，让自己的手机显示为"iPhone"。图什么？有面子，可以炫耀。

一个朋友要换车，理由不是现在的车子不好，而是周围的朋友都换好车了，不换辆好点的会让自己没面子。很多时候，我们买一样东西，看中的并不完全是它的使用价值，而是希望通过这样的东西显示自己的财富、地位或者其他，所以，有些东西往往是越贵越有人追捧，比如一辆高档轿车、一部昂贵的手机、一栋超大的房子、一场高尔夫球、一顿天价年夜饭等。

按照凡勃伦物品的定律，如果价格下跌，炫耀性消费的效用就降低了，这种物品的需求量就会减少。对于一位凡勃伦物品的崇拜者，一件时装款式与质量再好，标价1000元，他也许根本不会瞧一眼。因为这个商品里只剩下实际使用效用，不再有炫耀性消费效用。

在日常生活中，很多人都会有意无意掉入炫耀性消费的陷阱里。奢华和高档商品及其形象会成为一个巨大的"符号载体"。在某种程度上，这种符号象征着人们的身份或社会经济地位。生活本来不易，何必再给自己套上"炫耀"的枷锁负重而行？

放下虚荣，得到自在。

布雷姆效应：失去的才是最宝贵的

布雷姆效应的意思是说，即使是没有价值的东西，一旦失去都会觉得非常可惜，从而产生想要追回的想法。

心理学认为这是因为在选择的自由被剥夺后而产生的一种带有逆反心理的情绪，也就是想要恢复被剥夺的自由，这种状态称为"负面情绪"。

例如这里有三种东西可以自由选择，但是由于某种因素的干扰，无法做出对其中一种的抉择。

这时，每个人都会有反对的心态，会产生想要拥有这个不能选择的东西。也就是说，产生了一种想要恢复自由的强烈愿望，因此使这个东西的魅力提高，得到更高的评价。

心理学家布雷姆等人为了确认这一点，做了如下的实验。

聚集一群大学生，拜托他们协助唱片公司的市场调查工作，内容为调查大学生喜欢的音乐类型。调查的第一天，让这些大学生听四种音乐CD盘，然后再按喜欢的程度分别给予评价。

这时告诉大学生，为了感谢他们的协助调查，等到明天调查结束后，会让他们在先前聆听的四种唱片中挑选一张，当作礼物。

这四种音乐的CD唱片都可当作赠品。而且告诉他们，其中三种价值3美元，其中一种价值1美元，借此来验证选择自由的重要性。

第二天，和大学生约定的唱片已经送来了。主持实验者宣称："因为运送过程中有些错误，现在只有其中的三张唱片能送给各位了，"而没有送来的这一张唱片，是前一天大学生们普遍给予较低评价的一张价值3美元的唱片。

为了与以上的实验结果进行比较，则在另外一次赠送唱片全都送达的情况下，进行同样的实验。

布雷姆等人预测大学生们经验的负面情绪，应该是失去3美元的CD唱片时比失去1美元的CD唱片产生更严重的负面情绪。但实际上，大学生并未根据唱片售价改变对唱片的评价。

将四张赠送的唱片中的一张没有送达（就是前一天评价较低的唱片），在这个条件下再度进行实验，结果当四张赠送用的唱片全都送来时，对唱片的评价并没有出现任何的负面情绪。但若有一张无法送达，那张不能成为选择对象的唱片，让大学生们对其重新评价时，则明显比前一天的评价提高了不少。

这样的倾向明显地表现在教育孩子的问题上。原先不屑一顾的东西，一旦失去之后，孩子就会缠着父母说："我要那个东西！"一旦真的卖给他，他又变得不是那么想要了，甚至兴趣大减。

结论是这种反对的心理状态，是因为不知道自己究竟真的喜欢什么东西，什么东西比较好而引起的。也就是说，任何人都没有对于人或物可以加以评价的绝对标准。

例如，放置四个同样的物品在这里，当顾客若无其事地拿起其中的一个，店员说："我不建议您选择购买这个产品。"这时，顾客就会很奇怪地问："为什么呢？"反而比较容易留下印象。

此外，若将卖不出去的东西定出较高的价格，反而比较容易卖出去，可能也与此有关吧！看起来比较显眼，或者原本埋没的商品一旦赋予较高的价格时，顾客可能就会认为这才是好东西。

我们不是常爱说"一分钱，一分货"吗？恐怕就是这个道理。"看起来没这个价值，为什么会这么贵呢？"这时就会中圈套，开始对这个东西感兴趣。

人通常是按照自己的意识来判断事物的，但是在做最后决定时，可能会因为一些莫名其妙的逻辑而左右思考，做出错误的判断。所谓的思考，只是人们的想法，而不是真正思考后的判断。结婚也是如此。没有人可以保证婚后一定会幸福，可是在结婚之前，大家却认为自己一定能拥有幸福的婚姻。

虽然自己深思熟虑，基于明确的根据来做判断，可是到最后却可能还是按照自己的情绪来做决定。

虽然交往还不够深，但因为对方要调走而结婚的例子，也是时有所闻。先前他只不过是交往对象中的一个，可是一旦调职走后，就会失去这个男朋友。

虽然有些勉强，但在快要失去这个人的时候，就会突然觉得他是一个很重要的人。也就是说，我们判断事物时，并不具有绝对的标准值，因此容易产生错觉或误解。但是也正因为如此，人生才显得有趣！

棘轮效应：由奢入俭难

北宋的第八代皇帝赵佶，诗、书、画造诣极高，是一个卓越的艺术家。赵佶刚登上皇位，还能勉强恪守宋太祖留下来的节俭家风。但很快，奢华铺张之风就兴起了。谄臣蔡京等见机更是推波助澜，认为皇帝理当在富足繁荣的太平盛世及时享乐，不应效法前朝惜财省费、倡俭戒奢之陋举。赵佶听了，心中很是高兴。

有一次，赵佶生日，大宴群臣，拿出玉盏、玉卮等贵重酒器，说："朕欲用此吃酒，恐人说太奢华。"蔡京是何等聪明之人，忙道："臣当年出使契丹，他们曾持玉盘、玉盏向臣夸耀说南朝无此物。今用之为陛下祝寿，于礼无嫌。"赵佶说："先帝当年欲筑一小台，不过数尺之高，言不可者甚众，朕深觉人言可畏。此酒器虽早已置办，但若是人言四起，朕难以辩白。"蔡京振振有词："事苟当于理，多言不足畏也。陛下当享天下之奉，区区玉器，何足计哉！"蔡京还搬出《周礼》中的"惟王不会"，宣称君王的开销，自古以来就不受任何预算、审计的制约。君臣之间，可谓一唱一和。

蔡京的长子蔡攸，没有蔡京那样引经据典的逢迎水平，但在鼓吹享乐哲学方面却是青出于蓝。他经常向赵佶宣扬："所谓皇帝，当以四海为家，太平为娱。岁月能几何，岂可徒自劳苦！"赵佶听了，越发肆无忌惮地纵情声色骄奢淫逸。

宋徽宗最宠信最重用的将相大臣，个个都是聚敛私财挥金如土的高手。宰相蔡京生性好客贪吃，经常大摆宴席。有一次请僚属吃饭，光蟹黄馒头一项就花掉一千三百余贯钱。他家童仆姬妾成群，仅厨子就上百人，内部分工极细，有不少人专做包子，还有婢女不干别的，专门负责择葱丝。他在首都开封有两处豪宅，谓之东园、西园，西园是强行拆毁数百家民房建成的。有人评论这两处府第是"东园如云，西园如雨"，意思是东园树木葱茏，望之如云，西园迫使百姓流离失所、泪下如雨。蔡京还在杭州凤山脚下建造了更加雄丽的别墅。此外，御史中丞王黼家养的姬妾的数量与质量，几乎可以与后宫相比。宦官童贯家晚上从不点灯，而是悬挂几十颗夜明珠照明，他有多少家财谁也说不清。

奢华铺张的猛兽一旦出笼，就如洪水一样不可收拾。日益沉重的财政负担，令朝廷不堪负担。其中，赵佶也试图通过适度的节俭来扭转财政危机。但是，等他真正想实施时，却又感觉这也无法削减那也难以削减。于是，所谓的适度节俭就这样不了了之。

这些奢华的成本，最终落在底层百姓的税赋上。当然，最后总会反过来再落到奢华者本人身上。不甘朝廷横征暴敛的百姓，在两浙、黄淮等地相继爆发了声势浩大的起义。民众反抗严重动摇了北宋统治的根基，使北宋政权在金兵来侵时不堪一击，轰然覆亡。

1126年，金兵再次南下。12月15日攻破汴京，金帝废赵佶与子赵桓为庶人。1127年3月底，金帝将赵佶与赵桓，连同后妃、宗室、百官数千人，以及教坊乐工、技艺工匠、法驾、仪仗、冠服、礼器、天文仪器、珍宝玩物、皇家藏书、天下州府地图等押送北方，汴京中公私积蓄被掳掠一空，北宋灭亡。因此事发生在靖康年间，史称"靖康之变"。

赵佶被囚禁了9年。1135年4月，他终因不堪精神折磨而死于五国城，金熙宗将他葬于河南广宁（今河南省洛阳市附近）。1142年8月，宋金根据协议，将赵佶遗骸运回临安（今浙江省杭州市），由宋高宗葬之于永佑陵，立庙号为徽宗。

宋徽宗赵佶身处奢华铺张之中，想节俭时却感到力不从心。这种现象在经济学中叫棘轮效应，又称制轮作用，是指人的消费习惯形成之后有不可逆性，即易于向上调整，而难于向下调整，尤其是在短期内消费是不可逆的，其习惯效应较大。这种习惯效应，使消费取决于相对收入，即相对于自己过去的高峰收入。消费者易于随收入的提高增加消费，但不易于收入降低而减少消费，以致产生有正截距的短期消费函数，这种特点被称为棘轮效应。

举一个现实生活中常见的例子，当你刚从学校毕业时，收入只有1500元一个月，那时你一个月还能存个三两百元。努力几年之后，你的薪水逐渐涨到了15000元。这时，若要你一个月只花1000多元（像当初毕业那样），你还做得到吗？如果加上物价上涨的因素，再在1000元的基础上加几百元，你还是觉得没法生存吧？

问题出在哪里？为什么当年的你用那么少的钱能够生存，现在的你却不能了？因为伴随你可支配的钱的增加，你的欲望也在增加，很多本来不属于生活必需品的商品与服务，逐渐成为你的生活必需品。清贫时，有饭吃就可以了，住多人合租房很正常。有钱了，就不是有饭吃有地方睡那么简单了，各种饭局、车、房、得体的衣服，对于女士来说各种保养的护肤品，这些都会成为必需品，一样也少不得。你可以从自己的商品房搬进新买的别墅，但要你搬进曾经与人合租过的地下室，基本上除非破产，否则很难。

棘轮效应是经济学家杜森贝里提出的。古典经济学家凯恩斯主张消费是可逆的，即绝对收入水平变动必然立即引起消费水平的变化。针对这一观点，杜森贝里认为这实际上是不可能的，因为消费决策不可能是一种理想的计划，它还取决于消费习惯。这种消费习惯受许多因素影响，如生理和社会需要、个人的经历、个人经历的后果等。特别是个人在收入最高期所达到的消费标准对消费习惯的形成有很重要的作用。

实际上，棘轮效应还可以用一句古训加以说明："由俭入奢易，由奢入俭难。"这句话出自北宋政治家司马光的一封家书。在年龄上，司马光是北宋皇帝赵佶的爷爷辈。司马光67岁去世时，赵佶才4岁。司马光曾用这句话告诫儿子保持俭朴的家风。赵佶的先祖其实也是家风俭朴，但到他那里就断了。

从棘轮效应中，我们应该时时告诫自己：生活尽量保持俭朴，以防自己掉入贪图享受的泥潭中而无法自拔。一个人如果被欲望牵着走，很容易迷失自己，误入歧途。

布里丹效应：谨防在选择中迷失自我

丹麦哲学家布里丹讲过这样一则寓言：有头小驴，在干枯的荒原上好不容易找到了两堆草，由于拿不准先吃哪一堆好，结果在无限的选择和徘徊中饿死了。后来人们就把决策过程中类似这种犹豫不定、迟疑不决的现象称为"布里丹效应"。

这头驴的不幸就在于它无法在两大捆同样的干草之间进行理性的抉择。简而言之，这头驴是非常"无头脑的"，因而无法采取行动。人在某些时候并不比驴聪明。

很多年轻人都因为面临多种选择却又难于选择而心烦意乱。

一位毕业不久的本科生分配到一家好单位，他觉得自己的文凭太低，想去考研，又怕读完研究生之后再也找不到这样的好工作。

一位28岁的女孩，恋爱已经5年，她想结婚可男友至今还没有住房，她想分手却又舍不得这份经受了时间考验的感情。

有同事给34岁的明浩介绍了一位女朋友。经过接触，明浩发现了她的聪明和善良，可心里又总觉得她长相不好看，所以进退两难。

一个人拥有较优越的现实条件，就意味着他面临更为广阔的选择空间，而可供选择的目标越多，那么在他做出决策之前，其内心的矛盾冲突也就越多。

再比如择业，只有小学文化并且没有什么专业技术的人可以选择的机会不多，因而只要找到一份工作，他就会很乐意地去做；而受过高等教育的工程技术人员可以从事的职业很多（包括简单的体力劳动），每一份工作都能满足他的某些需求，究竟去干什么工作，他的心里不可能没有困惑。

　　无论何种冲突，其实质都是要在几种可供选择的方案中做出唯一的选择。在选择之前，我们的大脑一直会对方案进行反复的比较鉴定，这种高负荷的工作总是伴随着紧张、焦虑、烦躁、不安等负面情绪，特别是当我们面临人生的重大选择时，这样的情绪会更强烈、更深刻、更持久。每个人都无法长期忍受这种状态，因此总是希望尽早做出选择。一旦做出了选择，这种烦躁不安的情绪也就随之结束。

　　选择意味着放弃那些不合理的方案，同时，选择还意味着必须接受这一选择将要带来的一切结果，这就是我们平常所说的"对自己的选择负责"。那些长时间处于冲突状态以至于出现心理障碍的人，往往具有这样的个性特征——过度完美化。

　　过度追求完美，就不愿放弃那些相对不重要的目标，因而迟迟不能做出选择，进而错失时机。而那些依赖性较强的人，因为不敢承担责任，害怕面对可能到来的不良后果，所以不能独立地做出选择，最终因长时间承受负面情绪的压力而加重自卑感。

　　以下是几点关于选择的原则性建议：

1. 放弃幻想，从现实入手

　　完美化的幻想会让人产生不切实际的愿望，"如果……""要是……"为了等待这些虚幻的假设，我们就会长时间地陷入内心冲突之中，并因此失去原有的自信。其实，我们面前的目标，现在都不可能是"最好的"，都需要我们做出努力之后才有可能变成"最好的"。所以，面对现实，付诸行动才是最重要的。

2. 推迟决策，从小处着手

有些心理冲突是因为过早地要做出"最终决定"，可自己掌握的信息不多，一时难以做出选择。比如34岁的他，与对方接触不久，就希望得出明确的结论：要不要跟她谈朋友？由于了解不多，此时做出的选择难免不成熟。倘若进一步了解，就可以对她有新的认识——也许不再觉得她"不好看"，也许不再觉得她"聪明和善良"——那时候再做选择就不会困难。

3. 切断退路，让自己别无选择

带来心理冲突的每一个目标（包括双趋冲突中的目标）对于我们都各有利弊，因此，任何选择都有其合理的一面，我们往往无法精确衡量得失之间的大与小。与其花太多的精力去做细致的比较，不如随机选取其一，专心致志地为之努力，这往往会使我们获得更丰厚的回报。

有人曾经打过一个比喻："把一对夫妇安置到人迹罕至的大森林里去生活，想必他们不会有离婚的念头，因为别无选择，他们将致力于巩固彼此的关系。"事实上，无论在人生的哪一个领域，别无选择都会是最好的选择——它能使我们集中个人有限的精力，去走好自己的路。

沉没成本：多少人被"不甘心"引入歧途

大卫王是古代犹太以色列国王（公元前1000—前960年在位），这个伟大的国王对美女有着深深的迷恋。一天，他从王宫的平台上看见容貌甚美的妇人，顿时心旌摇摇。大卫王急忙打听出她是谁之后，随即差人将她接进宫中。

　　这个美貌妇人叫拔示巴。是大卫王手下将领乌利亚的妻子。和部下之妻拔示巴风流过后不久，拔示巴告诉大卫王自己怀上了他的孩子。大卫王便将拔示巴的丈夫乌利亚派去前线，并写信给前线的元帅，要求他把乌利亚安排在阵势最险恶的地方，希望借敌人的手将其杀死。这样，大卫王就可以得到拔示巴以及拔示巴腹中的孩子。

　　大卫王的计谋得逞了，乌利亚如他所愿战死在前线。大卫王光明正大地将拔示巴迎娶进宫，成为他众多女人当中最受宠幸的人。然而大卫王借刀杀人、霸占人妻的阴险行为终于激怒了天神，天神耶和华让他和拔示巴的孩子得了重病。

　　大卫王为这孩子的病恳求神的宽恕。他开始禁食，把自己关在内室里，白天黑夜都躺在地上。他家中的老臣来到他的身旁，要把他从地上扶起来，他却怎么也不肯起来，也不同他们吃饭。

　　大卫王希望用这种方法，求得天神的原谅，降福于他的孩子。然而，在大卫王的"苦肉计"进行到第七天时，患病的孩子终于死去了。大卫王的臣仆都不敢告诉他孩子的死讯。他们想：孩子还活着的时候，我们劝他，他都不肯听我们的话，如果现在告诉他孩子死了，他怎么能不更加伤心呢？

　　大卫王见臣仆们彼此低声说话、神色戚戚的样子，就知道孩子死了，于是他问臣仆们："孩子死了吗？"

　　臣仆们不敢撒谎，只得如实回答："死了。"

　　大卫王听了孩子的死讯。就从地上起来，沐浴后抹上香膏，又换了衣服，走进耶和华的宫殿敬拜。然后，他回宫吩咐人摆上饭菜，大口大口地吃了起来。

臣仆们疑惑地问："大卫王啊！您这样做是什么意思呢？孩子活着的时候，您不吃不喝，哭泣不止，现在孩子死了，您反而起来又吃又喝。"

大卫王说："孩子还活着的时候，我不吃不喝，哭泣不已，是因为我想到也许天神耶和华会怜悯我，说不定还有希望不让我的孩子死去；如今孩子都死了，怎么也无法复活了，我又何必继续以禁食、哭泣来折磨自己呢？我怎么做都不能使死去的孩子返回来了！"

大卫王真不愧一代伟人，其科学理性的经济学思维让现在的很多人都自叹不如。在经济学中，有个"沉没成本"（或称沉淀成本、既定成本）的概念，代指已经付出且不可收回的成本。沉没成本常用来和可变成本作比较，可变成本可以被改变，而沉没成本则不能被改变。在微观经济学理论中，做决策时仅需要考虑可变成本。如果同时考虑到沉没成本，那结论就不是纯粹基于事物的价值做出的。

举例来说，如果你预订了一张电影票，已经付了票款且不能退票，此时你付的钞票已经属于沉没成本。在看电影的过程中，你发现电影超级难看。这时，你有两个选择：强忍着看完；退场去做别的事情。你会选择哪种呢？

如果你选择退场，恭喜你！你有经济学家的潜力；如果你选择强忍着看完，很不幸，你跌进了所谓的"沉没成本谬误"的陷阱。经济学家会称这些人的行为"不理智"，因为无论你看还是不看，票钱都沉进太平洋的海底了。不看，还可以用这些时间做点别的事；看，花钱买罪受，双重损失。

生活中，陷入"沉没成本谬误"陷阱的人并不少。有个男孩子最终选择了和女友甲结婚，他的理由是和甲谈恋爱时花了很多钱。而为什么没有选择乙，并不是因为乙不够好。他和甲相恋三年，花了几万元钱。两人的性格也不是很合得来，吵吵闹闹，分分合合的。大约一年前，因为和甲大吵一架，他去外地打工，认识了乙。和乙相处的大半年里，两人的关系非常好，两人AA制，乙几乎一分钱也没有用他的。但最终，他选择了与甲结婚。似乎只有选择甲，那几万元钱才没有被浪费。

类似的"沉没成本谬误"还有很多——我付出了那么多，我不甘心就这样结束。感情如此，工作亦然。费尽了努力进入一家企业，发现原来并不是自己所想要的单位。辞职？不，这份工作来之不易。

如果你妻子拿着几张票，纠结地问你："老公，我买了两张电影票，想明晚和你去看电影，但没想到单位发了两张杂技表演票，也是明晚的，我该怎么办呢？"

这时，你应当想起"沉没成本"这个经济学术语，问她："你喜欢看电影还是杂技呢？"如果妻子的回答是"杂技"，你就可以将她的电影票撕了（不撕送人也可以）。妻子可能会埋怨你："一百元一张呢。好心疼啊。"是的，一百元一张，但那是沉没成本，沉没在海底的深处。

"沉没成本"是一个过去式。作为理性的经济人，在做决策时不会为沉没成本所左右。不计沉没成本也反映了一种向前看的心态。就像英国谚语里所说的：随手关上你身后的门。人要懂得放下与舍得。对于整个人生历程来说，我们以前走的弯路、做的错事、受的挫折，何尝不是一种沉没成本。过去的就让它过去，总想着那些已经无法改变的事情只能是自我折磨。

不妨拥有一颗"输得起"的决心，毕竟过去的失误也好、荣誉也好，都已经随着时间"沉没"了，而今就只有现在和未来，机会等待把握，价值等待体现。面对那些无法改变、无法挽回、无法追溯的"失去"，要在心理上真正放手，轻装上阵，才能走得更远。

霍布森选择：怎么选都是错的

有个叫霍布森的英国商人，他专门从事马匹生意。他说："你们买我的马、租我的马，随你的便，价格都比别人便宜。"

霍布森说的是实话，他的马的价格总是会比市场行情低。他的马圈很大，马匹也很多，看上去可供选择的余地很大。霍布森只允许人们在马圈的出口处选，但出口的门比较小，高头大马出不去，能出来的都是瘦马、赖马、小马。来买马的人左挑右选，不是瘦小的，就是赖的。大家挑来挑去，自以为完成了满意的选择，最后的结果却总是一个低级的决策结果。

霍布森选择其实只是小选择、假选择、形式主义的选择。人们自以为做了选择，而实际上思维和选择的空间是很小的。在商场上，霍布森选择的陷阱比比皆是。

老张夫妇和儿子多年来共同经营一家米粉店，生意不好不坏，平均一天五六百元的流水。他们没有雇服务员，因此除去房租什么的，三个人每个月加起来能赚个万儿八千的。有段时间里，老张的老伴因为不小心摔坏了胳膊，不能来店里帮忙，于是就让儿子小张将未婚妻小敏叫来帮几天忙。小敏在米粉店当服务员才几天，老张就发现一个奇怪的现象：店里吃粉的人加鸡蛋的多了，每天的营业额比以前多了百八十块。开始老张以为只是巧合，但小敏在店里帮忙一个月都是这样。

一个月后，老张的老伴康复回店。小敏就不再在店里帮忙了。奇怪的是小敏走后，顾客点鸡蛋的明显减少了，营业额又恢复到五六百。老张很疑惑，就专门找了一个借口，叫小敏回来再帮一天。然后，他观察小敏到底是如何做的。

原来，小敏在顾客落座点了米粉后，总会问一句："加一个鸡蛋还是两个？"

而老张的老伴问的是："加不加鸡蛋？"

同样是问一个关于加鸡蛋的问题，听到小敏问话的顾客，多数选择的是加几个鸡蛋的问题（当然也有少数会说不要鸡蛋），而听到老张的老伴问话的顾客，选择的是加不加鸡蛋的问题。选择的内容，答案自然也不同。通过不同的选择提供，小敏不知不觉地多卖了鸡蛋，提升了销售量。

小敏给顾客的选择，其实就是经济学里的霍布森选择——尽管她自己可能不知道有这一说。很多时候，商家给的所谓自由选择，其实并不自由。有时候，是外界为你设下了很多"小门"，但更多时候是自己在思维里设置的"小门"。例如你去办理移动通信套餐，这个方案那个方案，其实都是公司精心设计的把戏。

商海沉浮，除了要尽量识破对方给予的霍布森选择之外，自己在做决策时也要谨防掉进自设的霍布森选择陷阱。

有一家日本的牙膏厂，为了提升销售量不惜重金内部征求点子，其方法从打折促销到广告攻势，一轮实施下来都没有取得多大效果。最后，一个职员的建议一下子就提升了20%的销售量。他的点子很简单：将牙膏的管口增大20%。人们在用牙膏时，根据以往的手感挤牙膏，不经意中就多挤了20%。毫无疑问，这就增加了该款牙膏的使用率。

当然，这个办法似乎也有隐患，那就是使用者可能会觉得这款牙膏不经用而选用别的牌子的牙膏。但事实是，对于牙膏这类小商品，有几个消费者会注意到这个行为细节呢？因此，顾客还是那些顾客，无形之中销量就增加了。

可见，要想跳出霍布森选择的陷阱，需要努力拓宽视野，让选择进入"多方案选择"的良性状态。这要求我们头脑中应当有"来自自我"和"来自他人"的不同意见。就"来自自我"这个角度而言，就是要充分思索的意思。选择，就是充分思索，让各方面的问题暴露出来，从而把思想过程中那些不必要的部分丢弃，这好比对浮雕进行修凿。在这个过程中，如果理智在开始时就过分仔细地检验刚刚产生的念头，显然会让选择逐步缩小。

那些成功人士都有一个共同特征，他们在确定某项选择、做出某种决策时，总是尽可能地在与他人的交往过程中，激发反对意见，从而从每一个角度去弄清楚确定选择、实施决策到底应该是怎样的，激发、思考来自他人的不同意见。

破窗效应：破鼓万人捶

　　美国斯坦福大学有一位心理学教授曾做过一项试验：将两辆外形完全相同的汽车停放在相同的环境里，其中一辆车的车窗是打开的，车牌也被摘掉；另一辆则封闭如常。结果，打开车窗的那辆车在三日之内就被人破坏得面目全非，而另一辆车则完好无损。这时候，他在剩下的这辆车的窗户上打了一个洞，只一天时间，车上所有的窗户都被打破，车内的东西也全部丢失。于是他据此提出了"破窗理论"：对于完美的东西，大家都会本能地维护它，不去破坏，自觉地阻止破坏现象；相反，有缺陷或者已被破坏的东西，让它更坏一些也无妨。对随之而来的破坏行为也往往视而不见，任其自生自灭。

　　也就是说，一件完美的东西，要去维护它，就必须防患于未然。这件事情是由于窗子被打破而引发的，所以姑且称之为"破窗效应"。在人们的意识中，只要是破的东西就可以任意地继续破坏，似乎只有好的东西才有保留价值。如果房子的窗子不破，可能就没人会把房子变通道；如果汽车的窗子不破，可能也不会被肢解。

　　联系我们工作和生活中的实际，就会发现环境和氛围具有强烈的暗示性和诱导性。如果有人打坏了一栋建筑物上的一块玻璃又没有及时修复，别人就可能受到某些暗示性的纵容，去打碎更多的玻璃。久而久之，这些窗户就给人造成一种无序的感觉，在这种麻木不仁的氛围中，各种混乱的局面就会滋生、蔓延。因此，我们必须及时修复好"第一扇被打碎玻璃的窗户"。

推而广之，从人与环境的关系这个角度去看，我们周围生活中所发生的许多事情，不正是环境暗示和诱导作用的结果吗？

比如，在窗明几净、环境幽雅的场所，没有人会大声喧哗或吐出一口痰来。相反，如果环境脏乱不堪，倒是时常可以看见吐痰、便溺、打闹、互骂等不文明的举止。

在公共场合，如果每个人都举止优雅、谈吐文明、遵守公德，往往能够营造出文明而富有教养的氛围。千万不要因为某个人的粗鲁、野蛮和低俗行为而形成"破窗效应"，进而给公共场合带来无序和失去规范的感觉。

又比如，在我们的实际工作中，每个单位，每个部门，都制定了不少规章制度，目的就是保证各单位各部门的工作质量、工作秩序和服务质量。各项规章制度对于一个单位的正常运作和生存发展起着重要作用。

但是在管理实践中，总会有第一个怀有侥幸心理的人会去破坏制度，或是钻制度的空子。对此行为，如果是事不关己而视而不见，其他人就可能会受到某种暗示性的纵容，加入"破窗"的行为，加剧"破窗"的进程，久而久之，再完好的规章制度也将重蹈破车的覆辙。如果发现"窗破"而及时去纠正、制止，虽然降低了损失，但毕竟不完美。最佳办法是在"破窗"之前就加以防范，并且"严惩第一个打碎窗户的人"。

破鼓万人捶，墙倒众人推。在社会的其他领域，同样存在着"破窗效应"，关键是我们如何去把握环境的这种暗示和诱导的作用。因此，在我们的日常工作中，"破窗效应"给我们的启示是：任何制度都有可能被破坏，一旦始作俑者出现，破坏起来就会非常容易。因而必须防微杜渐，持之以恒，靠大家的共同努力来维护它的完美。

费斯法则：别捡了芝麻丢了西瓜

费斯法则说的是：在拿到第二个以前，千万别扔掉第一个。

这个法则是美国管理学家费斯提出来的，后来被人称为费斯法则。要想在竞争中立于不败之地，就要做到在拿到新的东西之前，千万别放掉你手中的东西，尤其是手中的东西对你来说很重要时更应该如此。

可口可乐与百事可乐同是全球著名的碳酸饮料生产商。在20世纪商战史上，没有比可口可乐与百事可乐更激烈更扣人心弦的市场争夺战了。这两家占世界饮料绝对主导地位的美国企业，在全球范围内掀起了一场旷日持久的世界大战，可口可乐稳守反击，百事可乐攻势如潮，谱写出了一曲曲波澜壮阔的商界传奇。正是在两强的争夺战中，本来有着绝对优势的可口可乐由一个错误决策，而痛失了自己的绝对老大地位。这一切都缘于可口可乐对自己处方的一次不明智改变。

20世纪80年代，可口可乐与百事可乐打得不可开交。1983年，可口可乐的市场占有率为22.5%，百事可乐为16%。

1984年，可口可乐是21.8％，百事可乐是17％。同期市场调查结果表明：百事可乐是一家年轻的企业，具备新的思想，富有朝气和创新精神，是一个发展快，想赶超第一的企业。不足之处是鲁莽，甚至有些盛气凌人。可口可乐得到的积极评价是：美国的化身，可口可乐是"真正"的正牌可乐，具备明显的保守传统。不足之处是迟钝，自命不凡，很有社会组织的味道。

运用自己的年轻优势，百事可乐掀起了对可口可乐的新一轮冲击。经过精心策划，著名的BBDO广告公司为百事可乐公司策划出一份称作"白纸"的备忘录，它规定了百事可乐未来所有宣传的基本纲领，打出了"奋起吧，你是百事可乐新生代生龙活虎的一员"的广告口号。这个口号既迎合了年轻人追求时髦，想摆脱老一代生活方式的叛逆心理，又吸引中老年人想显示自己仍富于青春活力，而把可口可乐映衬为陈旧、落伍、老派的代表。

百事可乐的这一举措形成了一股强烈的冲击波，极大地撼动了可口可乐一个世纪的至尊地位，至少在可口可乐公司的人看来是如此。措手不及的可口可乐公司为了拉回被百事可乐夺去的"百事新一代"，耗资400万美元，于1985年5月修改了沿用了99年的"神圣配方"，推出了"新可口可乐"。然而，"新可口可乐"的推出，却使可口可乐走向了险象环生的深渊。后来的事实证明，在与百事可乐竞争的生死存亡的关键时刻，可口可乐犯了一个致命的错误。新产品推出后，可口可乐公司每天收到多达600封的抗议信和1500次以上的抗议电话，更有许多消费者上街游行，强烈抗议新产品对他们的背叛。

百事可乐公司更是火上浇油地推出了"既是好配方，为何要改变"的广告语。这个雄霸可乐世界百年之久的亚特兰大帝国，终因自己的连连失误，加上竞争对手的咄咄逼人，陷入空前的危机之中。

新可口可乐的推出忽视了一个重要的因素：人们对名品牌的感情支持度。可口可乐一向被作为美国精神的象征而为大多数美国民众所接受。新产品的推出，伤害了许多消费者对老品牌产品的忠诚。他们认为可口可乐已不再是真正正宗的产品了，它太小家子气，百事可乐发动的一点小攻击，就使它乱了阵脚。这样做纯粹是在自己贬低自己，同时也侵害了消费者的尊严。

面对四面楚歌，可口可乐被迫宣布恢复原有配方，并将其命名为古典可口可乐，并在商标上标明"原配方"。新可口可乐则将继续生产销售。这样，一路狂跌的公司股票才重新得以回升。

然而，这一策划上的重大失误，已造成可口可乐市场一片混乱。新老消费者都被弄得无所适从，百事可乐又借机制作了一个绝妙的攻击广告：

"要哪一个？"店员问道。

"就要一听可口可乐。"

"噢，这里有好几种可口可乐，有原来的可口可乐，也就是新可口可乐出现前的那种，新的可口可乐也就是你们习惯当它是老的那种……它是为你们最新改进的可口可乐，除了可口可乐外，它确是正宗的老可口可乐，但如今它都成为新可口可乐，我说这些你明白吗？"

这绕口令式的一段话，谁能明白呢？再冷静的顾客也不耐烦了，人们自然转向其他商品。

随后，可口可乐又利用百年庆典大做宣传，以挽回自己的颓势。14000名工作人员从办理可口可乐业务的155个国家和地区飞往亚特兰大，从全国各地30辆以可口可乐为主题的彩车和30个行进乐队中迂回取道开进城里。

公司免费以可口可乐招待夹道欢迎的30万群众，在半个地球之遥的伦敦还组织了更精彩的"上浪潮"新节目，60万张多米诺骨牌一次倒下，壮观无比，还通过卫星向世界各大城市转播了这一盛况。

但是，这空前的盛举并没有从根本上改变它与百事可乐争战的格局。1985年可口可乐与百事可乐的市场销售比是1.15：1，两巨头已是平分秋色。而到了1993年，百事可乐以250.21亿美元的销售额高居世界最大工业公司的第48位，而可口可乐仅以139.57亿美元，远远落到第94位。百事可乐公司终于成为世界饮料市场的新霸主。

从软饮料市场的绝对领头羊，到最后丢掉世界软饮料市场的霸主地位，可口可乐的教训是值得深思的。在新饮料还未在市场站稳脚跟之前，就过早地宣布老饮料停产，是可口可乐公司的致命错误。

不单是商战上要牢记费斯法则，在我们工作生活中也需要时时警醒。

第三章
穿什么样的服饰，就是什么样的人

就是一个人的服装配饰，也是心理特征的外在投射。观察一个人的服饰，可以判断出他的性格是什么样的，有着怎样的心理诉求，等等。

服饰反映心理特征

服装有三大功能：蔽体、御寒（舒适）和展示。在跨文化交际中，需要注意和研究的是第三种功能——文化展示。衣着和修饰可以反映一个人的性别、年龄、民族、社会经济地位、职业、个性、爱好和价值观念等。衣着打扮可以起到美化自己、表现自己内心世界和达到某种特定的交际目的的作用，可以体现人们对自己的社会角色和周围世界的不同态度。嬉皮士的奇装异服反映了英语国家一些青年人对现实不满的心理状态；T恤衫上面印上不同的字或画，往往是着装者的心理反应。流行服饰还可以反映一个社会的时尚，因此，服饰在非语言交际中起着非常重要的作用。服饰是非语言交际的一种重要形式，服饰的文化差异及其提供的不同交际信息也自然成为跨文化交际中必须注意的一个重要方面。

总之，服装可以表示一个人的社会地位、身体状况或所属的职业性质；同样，我们也可以从对方的衣服颜色、情调以及跟年龄有关的条件，来观察对方内在的心理现象和性格特征。

细想起来很有意思：人类来到世上本来就是无物的，但是，大家都为了隐藏自己的"庐山真面目"，所以才要穿衣服。实际上，人们没料到，自身想要掩饰的东西，却被自己喜好的衣服，包括颜色、布料和情调展露出来，因为每个人所选购的衣服，穿在身上虽能掩盖自己的肉体，却使自己的心态暴露无遗。

第三章　穿什么样的服饰，就是什么样的人

当你每天穿上衣服时，虽然你并未做特别言语，衣着却显露出你的情绪动向，并且表达了一些隐藏的希望，因此，从衣着上可以显示你个人的偏爱和性格来。

小孩子的穿着，暗示父母，尤其是母亲的情绪。

年轻人喜欢时装，代表着对既存模式的一种普遍抗议，表达年轻人追求个性自由的倾向。

一个人穿异性服装的性别倒错行为，是一种性认同的混乱现象，容易发生情绪的不安与困扰。

服装让我们发泄情绪和表达出压抑的欲望，因此对于自己人格不敢肯定而希望获得某种程度上被人尊敬的人，或是个性怯懦和极端依赖他人的人，他们故意选择可以穿着制服的职业或工作。

青少年的衣着受到朋友及电影、电视的影响。

由于风俗习惯使然，衣服的颜色有着一定的代表意义。

1. 白色

表示纯洁，因此用于新娘礼服等。

平常喜欢白色衣着者，性格乐观、进取或有洁癖之倾向。

在亚洲国家特别是我国，传统上白色作为丧礼孝服。

2. 黑色

表示严肃，丧礼礼服或正式礼服等。

黑色代表沮丧，如果嗜着黑色衣服者，在情绪上有所抑郁不快，于是较喜欢阴沉的色系，希望逃避别人的注意。

3. 灰色

表示谨慎，较为老年人所喜爱。

4. 红色

表示积极，也代表着喜庆、热情。

表示为人开朗，领导欲强，喜欢运动、游戏及各种舒适的生活，爱好社交，做事积极。

5. 蓝色

表示冷静，也代表真挚与智慧，藏青色也是正式礼服的颜色之一。

表示为人随和，具有冷静的头脑及人格，并且安于现状。

6. 黄色

表示尊贵，也代表着放纵。

如果黄色是你的衣服主色，证明你是一个轻松愉快的人，你喜欢新事物和新观念，虽然你时常见异思迁，却时常兴高采烈地做着当时所做的事。

7. 绿色

表示高尚，也代表着仁慈、理性。

表示人格中高度的清醒，具有公德心，并且在各种公众和社会计划上保持积极的态度。表示关心他人，特别是那些较为不幸的人。

8. 紫色

表示华贵，也表示忧郁。

9. 金色

表示财富。相当于黄色之极致。

10. 银色

表示财富。相当于白色之极致。

一个人穿着暗淡或黑色的衣服，虽然给人以朴实的感觉，但如果是心情抑郁、沮丧和焦虑者，他的穿着就会将情绪的不愉快感受投射而影响别人。

明艳的颜色表示轻松和乐观。如果你的衣橱中主要是一些色泽明艳的衣服，说明你是一位乐观、愉快和进取的人，你有一个外向的性格，你喜欢别人并具有社交头脑。

如果你的衣服色系主要是浅灰、墨绿、咖啡色或灰色，说明你对日常生活采取以谨慎为主的态度。你会抑制情绪冲动，或从不牵涉在个人或社会纠纷之中。虽然你心地仁慈，却也是内心坚定，比较偏重纪律。你对生命采取合理、冷静的态度，但是有时你以错误的理性换来自欺。

某个人若突然改变发型或穿着打扮，象征其内心希求变化，首先把目前的状况做一个改变。

穿着不相称的颜色，或其衣着不适合某种场合的颜色，表示情绪上有问题。在极端的情况中，甚至表示精神欠佳。

不修边幅，在穿戴上毫不注意及讲究的人，大多有某种程度的欲求不满，是对他人、社会习惯和制度的轻蔑表现。

各类男性服饰反映的心理状态

男士服装的特点，一是威严、庄重；二是样式比较稳定，即一直处于比较静止的状态。其传统看法是：一个有见识的人总是小心地避免在服饰上标新立异。这主要指的是，男士礼服总是西装，而且颜色一直是保守的深蓝色或黑色。

1. 西装

西装总体上分三种：第一种是套装，西装上衣与裤子面料统一，显得比较正规。第二种是运动夹克、西装裤，运动夹克与裤子面料可以不统一。运动夹克也可以与牛仔裤搭配，虽不太适合在正规场合穿着，但比较休闲，显示出性格开朗、活泼。第三种是三件套套装的西装，也是比较正规的。

西装的样式多种多样，但肩的样式只有两种：自然下斜或者是直肩（也叫翘肩），后者很挺，类似军服。这两种肩不存在哪一种比另一种好，而是应按每个人体形的不同选择适合自己的式样。

西装的翻领，有的较窄，有的较宽，设计师有他们不同的风格，潮流也在不停变化，但如果你买宽度适中的翻领就永远不会过时。

西服着装要求复杂。双排扣上衣必须扣好上边第一颗扣子（坐着时可解开纽扣以免弄皱衣服）。单排扣西服则只扣上边的第一颗扣子，人们认为：只扣上纽扣是正规，不扣是潇洒，所有纽扣都扣上是土气，如果扣下边那个，不扣上边那个，就有点流气。至于三个扣、四个扣的西服，系扣原则是下面一个扣永远不系上。衬衣颜色要与西服搭配得当，下摆必须放入长裤内，袖口应比外衣袖口长出半寸，袖口必须扣好。

正式着装时必须配有领结或领带。未穿西服上衣而打领带时，衬衣下摆也必须放入西服裤内。

长袖袖口必须扣好，更不可将袖子挽起，如不打领带，可将衬衣领口解开。

打领带也有规则，有图案的领带配素色无花纹的衬衫；穿花纹衬衫时配无图案的领带；打领带时衬衣领口必须扣好，领带结必须推至领扣上边而不可松松垮垮地吊在胸前；领带下端三角需和皮带等长，不可过长或过短；如在衬衣外穿有背心，领带必须放在背心之内。

穿西服时必须穿皮鞋，有的还讲究穿灰色或藏青色西服时应配黑皮鞋，穿粗花呢或棕色西服时穿棕色皮鞋；袜子一般也应是深色的，穿浅色袜子配深色皮鞋，给人一种"乡里乡气"的感觉。有很多人尽管经济条件很好，但爱穿白袜子配黑鞋，认为那样可以改变人们认为他们不讲卫生的习惯，实际上这种人大多数真的不常洗脚。

2. 衬衫

衬衫与领带往往能表现男性的追求：

经常穿着单色衬衫的人，性格通常比较守规矩。

喜欢穿花纹、花格子或花色繁杂衬衫的男人，有强烈的追求，大多也自负或聪明。

热衷文学艺术的人，喜欢蓝色系的衬衫；从事音乐及设计等工作的人，喜欢黄色系的衬衫。

鲜黄衬衫，阔领带，追求强烈而占有欲也强烈的人。

有色衬衫的通常意义：

（1）白色

规规矩矩，本分，尽职尽责。多为银行职员、公教人员，以及普通办事员所穿着。虽然不一定为制服，但大家都穿白色衬衫，所以我也穿白色衬衫，是隐藏性格的人。

（2）黑色

喜欢爬山的人或运动员，总之，给人一种很酷的感觉。一般来说，小有成功的人士都喜欢这种颜色。喜欢黑色衬衫的人，冒险心强，体力充沛，富征服欲及支配欲，大多争强好胜。

（3）灰色

这是一种内向而不愿随便表露心意的人。灰色给人一种老气横秋的感觉，如果老年人穿，就属于自然，如果年轻人穿，通常都表示他人很本分，不喜张扬，循规蹈矩。

（4）褐色

褐色或是咖啡色，最容易使人联想到树皮，继而联想到饱经风霜，多为高级知识分子、高级领导人穿着。注意咖啡色衬衫一定要质料好、高档货才能穿，千万别因喜欢咖啡色而买低档货。这种颜色的衬衫最适合直接穿在西裤外边，不用穿外衣。这种衬衫的顶级产品是用"埃及棉"精纺而成的全棉衬衫，而其感觉像鹿皮一样。

（5）粉红色

这是表现对于异性的憧憬与企图，多为普通青年女子穿着。她们大多单纯，有着美好的心灵。

（6）橘红色

喜欢引起别人的注意，同时也很想有一个精力充沛的异性作为永久的伴侣。

（7）米色

多是刚参加工作的青年人喜爱穿着。这是对"白色"的不满，因为他们多有一颗向上和活泼的心。不要小看他们，未来的成功人士就是他们。

（8）紫色

除了艺术家等特别职业的人以外，如果是靠薪水收入维持生活的人穿着这类颜色服装的话，那就属于心灵寂寞。

（9）淡蓝色

原本是事业心重的工作本位主义者喜爱的颜色，人们又引申为热爱工作，兢兢业业的人的穿着。很多公司要求员工穿淡蓝色或白色的衬衫，都是这个意思。但是，这不是区别白领和蓝领的标志，只是它们都是适合在办公室里穿着的衬衫。

（10）格子衬衫

希望获得精神慰藉，格子越大，暗示精神安慰的欲求心理越强烈。

（11）花衬衫

性情温和，缺乏主张及脾气，有些女性化。

（12）衬衫绣上英文字母者

凡在衬衫胸部口袋上，或在上臂袖上绣上英文字母的人，这种人一般都诚信可靠，对于自己的行动总是很负责任。给人这种印象的原因，一般都是因为这类衬衫的价位较高。追求高价位生活标准的人，当然必须挣出足够的钱，所以可靠。

3. 领带

男士打分的焦点之一是领带。领带是不可或缺的装饰品。领带会给你每天带来不同的变化。

应该根据你的衬衫来挑选领带的颜色。最好的两种颜色是暗红领带配深蓝西服，或以黄色为主并带有图案的。色彩的搭配应该是有规则的，例如，衬衫是白色的，那么领带上的图案就应该带有一点白色。领带中的白色能衬托出衬衫的白色，这样效果很好，再和藏青色、深灰色西装配，能产生多种视觉效果。换成蓝衬衫，道理是一样的。不同的领带配上同一件衬衫，能产生不同的视觉效果。

西方国家还有一个服饰匹配规则：穿两个单颜色加一个多花样图案，如衬衫和西装是单色，那领带和小手帕可以是多种颜色的。相反，如果你的西装是很明亮的颜色或有图案、线条时，你需要一条朴实的、不耀眼的颜色的领带来配；当你穿正规的单色西装时，你可以选一条色彩明亮的领带来配。

4. 皮带

男性的皮带往往表示经济基础。

皮带讲究者，生活相当优裕。

衣饰阔气而皮带寒酸者，这种人是有目的地装阔，也许只是为了相亲给女方一个好印象，或者目前才获得了新职位，但其自我表现及掩饰事实的心理则相同。

讨厌皮带或皮带松塌塌者，为人任性，不喜欢听命别人指挥及受限制。

5. 帽子

帽子不仅仅具有御寒的功能，它还是一种起着美观并给人树立某种形象的东西。世界各国都在生产形式各异的帽子，出入任何一家娱乐场所如大型酒楼或餐馆，都会看到衣帽间的牌子，这说明帽子对于一个人来说，有着很重要的用途。它可以帮我们树立某种形象，使我们的个性在众人面前得以展现。

在众多品种的帽子中，我们会选择哪种类型的帽子呢？或者我们希望所选定的帽子给自己带来某种气质，以使我们的形象得以尽情展露？

6. 礼帽

戴礼帽的人都自认为自己稳重而有绅士风度。这种人的愿望是让人觉得自己有沉稳和成熟的风格，在别人面前，这种人经常表现得热爱传统：喜欢听古典音乐和欣赏芭蕾舞等，与流行歌曲无缘，有时他们甚至站出来反对这些他们自认为是糟粕的东西，要求制止那些大逆不道的行径。这种人欣赏一个男人穿西服打领带，一个女人穿套装、旗袍，正眼也不瞧一眼袒胸露背穿超短裙的女人。

他们所穿的皮鞋任何时候都擦得锃亮，而且所穿的袜子也一定给人以厚实的感觉，即使是炎热的夏季，这种人也会拒绝穿丝袜，同时他们也讨厌凉鞋和穿着拖鞋走路。由于这种人看不惯很多东西，所以他们的心底很清高，有些自命不凡，认为自己是干大事的人，进入任何一个行业都应该是主管级的人物。可惜他们过分保守并且缺乏冒险精神，成就并不大，所干的事业也不像想象得那么顺心。

在友情上，这种人的朋友会觉得他们保守、呆板，不容易掏真心话，即使他们在见面时斯文有礼，也不能加深这种人之间的友谊，他们和任何一个朋友之间的友谊都不能保持应有的深度。他们有时也会想到这些，并试图努力去改变，但他们天生的性格使他们难以表达自己的心思，有时反而适得其反。

实际上，在大城市，一般只有中老年男性才戴礼帽，而且这也符合他们的性格。

7. 鸭舌帽

过去一般有点年纪的人才戴鸭舌帽，它显示出稳重、办事忠实的形象。如果某人戴这类帽子，那么他会认为自己是个客观的人，从不虚华，面对问题时，总能从大局着想，不会因为一些旁枝末节而影响整个大局。

现在，鸭舌帽经过近百年的风风雨雨依然有其顽强的生命力，而且其帽檐不仅大大缩短，也出现了正反两种戴法。正戴以男性为多，多为从事艺术、科研工作的中老年男性。

他们年轻时，都有着比一般人更活泼的文艺或体育天性，而且保留至今，这也的确可以显示出他们仍具有的诱人魅力。反戴以女性为多，大多也是从事文艺、新闻出版之类的知识女性。反戴不意味着对传统的叛逆，而是一种颇具美感的创新，特别是初看那种类似贝雷帽却又不同的造型，更能显示出他们的风华正茂。

这种人不是攻击型的人，而是个很会保护自我的防守型的人，所以他们很少伤害别人，但也不容许别人伤害自己。

他们通常是很会聚财的人，相信艰苦创业才是人生的本色，多劳多得是他们的客观信条，这种人从不相信不劳而获或少劳而获，他们认为自己所拥有的财富来之不易，所以从不乱花一分钱。

8. 不戴帽子

不戴帽子的人很多，每个人又各有其特征，有的是为了展现自己有一头好发；有的哪怕秃顶了，也不愿加以修饰，他很可能自认为是个普普通通的人。

但总的来说，他们都有一个共同特征：这种人有一部分是不受束缚的人，喜欢独来独往，按照自己的方式做人。这种人也是讨厌应酬的人，认为时间应当花在更实在的事情上面。

各类女性服饰反映的心理状态

1. 场合与择装

女士的衣服总的来说有四类：休闲服、工作服、鸡尾酒会服及正规的晚宴服。

一般情况下女士着装虽没有明确规定，但在正规交际场合也有严格的要求，例如：

着装要有规矩，背心和衬裙不能露在外衣外边。穿裙子时，不能穿短袜应穿长度超过裙摆的长裤或连裤袜，或者干脆光腿。外衣和裙子内的衣服颜色不能搭配失当，最近几年流行外衣透明，内衣外显，这样就更加讲究内、外衣搭配的色彩式样要和谐。礼服手套长度要与衣袖搭配得当，一般规则是：非常长的手套和非常短的手套要配短袖或无袖服装；穿袖子为3、4长的服装时，手套的长度应达到袖子，轻轻地盖在袖子下面。

衣着要美观庄重。美国有位服装设计师说："衣服决定一个人是走向'卧室'，还是走向'董事会议室'。"一些严肃的职业女性和在正规交际场合中的女性都很注意穿戴，其着装既表现女性美，又庄重得体，并适合自己的身份和年龄。

2. 从女性服饰来判断性格

（1）穿时髦流行时装的女性

性格开放，适应能力强，做事干脆，性情变化较大，容易忽冷忽热。

（2）服饰朴素而赶不上流行的女性

自负自信，比较保守而不喜与外界接触，与男性相处一般有距离感，大多不肯保持过于密切的接触。但这类女性往往对家庭很负责任。

3. 鞋

人类穿鞋的时间起码已有几千年的历史，但此事已无从考证。如今人们关心的只是自己能拥有多少双名牌鞋，讲究衣服与鞋子的搭配，如何让鞋子对自己的形象产生夸大的效应。

所以，人们现在真正关心的是：在选择鞋子时，应持什么样的标准。

那么，你知道人们选择喜爱穿、经常穿的鞋子与其性格之间，有什么样的关系呢？

（1）高跟鞋

因为知道高跟鞋对自己的脊椎、腿部肌肉、韧带会造成不同的损伤，所以中老年妇女是不愿意穿高跟鞋的；模特们也只是在T形台上走秀时才穿一下，不过有些姑娘为了使自己的身材看起来显得更高挑，步姿更加婀娜动人，所以她们认为，即使受些罪也是值得的，因为青春毕竟短暂。

（2）坡跟或平跟鞋

这种人是脚踏实地、思想开放的人，受过良好教育。而且还能得知她对一切以粉饰太平、矫揉造作的人，有种特别的厌憎感。这种人大部分是那种不注重形式，只注重内在的人，而且，她们不贪慕虚荣，对争名夺利的游戏毫无兴趣，对金钱的看法是：其作用只不过是换取安逸的生活。

这种人崇尚大自然，喜欢欣赏和追求美好的东西。

在爱情方面，这种人崇尚浪漫，对爱情有着梦幻般的激情，但通常也是个肯对感情负责的人，不会让自己成为千夫所指的浪荡女人。所以，她们喜欢浪漫、有激情，但绝不随便玩弄感情。因为希望自己的理想对象必须和自己一样，在生活上不虚华，所以，她们在感情上大都很认真。

（3）系带皮鞋

这种人有很多是做事细心并且不怕麻烦的人，她们处理每一件事情都有既定的程度和规则，不允许随便被人打乱，或在中途忽然被停止。也就是说，她是有始有终的人，如果要她忽然做出某种转变，那无异于对她们表示了极大的不尊重，应该尽量避免。

她们大都还是脾性温和的人，喜欢关心人，在她们力所能及的范围内，会给予别人恰当的照顾，别人也信任她们，愿意和她们待在一起，因为会从这种人身上得到一定程度的安全感。

与这种人接触的人，在印象上都会觉得她们是稳重可靠的人，在工作上业务驾轻就熟，成为众人咨询的对象，上司也会相当器重。

这种人的为人处世，使自己经常肩负重担的压力，特别是现在竞争如此激烈的社会。所以她们经常会感到劳累，但她们喜欢这样做，而且常常乐此不疲，只不过你应该更体贴、更关心她们。

（4）花式鞋

也就是那种轻巧、华丽的皮鞋，比如它的鞋尖与鞋跟是白色，而中间却是黑色，这类鞋多是一种色彩对比相当强烈的皮鞋，但极其艳丽夺目。

喜欢这种皮鞋的人，都喜欢装饰自己。每天，她们都可能会花上一两个钟头打扮自己，这种人对每一个细节和动作都不会放过。

这种人非常留心服装的潮流，喜欢参加服装博览会和时装观摩会，至少也喜爱逛服装商店，但她们不一定是盲目地追求，她们基本上属于传统中带新潮的品位。

这种人表面洒脱，但私生活上并不粗野，她们只是喜欢人家觉得自己风流倜傥、潇洒脱俗。

这种人只关心自己，而其他友情、工作只是她们生活的点缀品，是可有可无的东西。

这种人会非常介意别人怎样看自己，同时她们还会摆明态度不欢迎别人的批评，因为自以为是的这种人，是不会相信自己会犯下什么过失的。

（5）皮靴

不论是一年四季的哪一天，或是出入任何一个场所，也不论天气如何变化，这种人的脚下总是穿着皮靴。

这种人的形象告诉别人：她们不是柔弱的女子，可能会些功夫，虽没有害人之心，但肯定有防人之术。而且，这种人是有先见之明的人，当她们看出某种苗头不对时，会提前采取防范措施，所以，她们总能逢凶化吉。

在家里，这种人有可能是一家之主，而且这种人的权威不允许有丝毫的侵犯。否则，她们会采取强硬立场，惩罚胆敢藐视权力的人。

在工作中，这种人大多亦是个强硬派，所以别人觉得很难做的工作，她们总是有一种不畏艰难的精神去支持她们把事办成、办好。因而她们所到之处，总是会受到男人更多的青睐。但是，她们有时所付出的代价，往往也比她们脚下的皮鞋沉重得多。

4. 手套

冰天雪地里，出门办事，手被冻得通红，只好把冻僵的手伸到嘴前不断地哈气，以使僵硬的手指得以暖和。这时我们可能唯一想到的是有一双手套多好啊。当我们站在柜台前，看到琳琅满目各色各样的手套时，你会选择什么款式和颜色的手套呢？

当你确定自己所需要的手套并掏出钱夹时，你的选择已反映了自己的内心愿望，从而也表明了你在别人面前所展示的何种形象。

（1）白色手套

无论这种人的穿着是何种颜色，他们都喜欢戴白色的手套，为什么呢？显然，他们是想标榜自己是个清高、纯洁的人。

与人相处时，在彼此的言谈之间，这种人的表现总是显得很开朗，而实际上他们所讲的话中，水分特重。

在工作和事业上，这种人也是采取急功近利的态度，他们是想付出少收获多的人，甚至是少劳而获的人，专摘胜利果实之徒。

即使做了一点点事，也想马上得到回报，总是希望投之以李报之以桃。因此，这种人没有耐心以踏实的表现去等待上级的赏识，会马上转而走别的途径。在他们的一生中，注定要多次跳槽。

在追求异性上也与他们的个性一样，刚开始时，这种人会怀着极大的热情，每天送鲜花、送礼品，邀请对方去咖啡厅、酒吧，而一旦得手或者对方无动于衷，他们就会立刻放慢手脚，不再去投放更大的精力了。

（2）黑色手套

在众多颜色的挑选中，这种人唯独选择黑色手套，这表明他们是个稳健持重的人，不轻易表明自己的意见，在考虑事情时总爱往消极的方面想。

无论是在工作或人际关系方面，这种人稳重的作风都会受到别人的称赞，但他们意识不到，在这个崇尚自我炫耀的社会里，自己的存在很容易被忽略。

（3）色彩鲜艳的手套

这种人为人豁达大度，对任何事情都持乐观态度，很少优柔寡断。

即使在遇到挫折时，他们也会从好的方面想，认为这个世界多姿多彩，值得欣赏的东西太多了。况且条条大路通罗马，又何必为了一点挫折而使自己愁眉不展呢？

（4）丝质手套

这种人喜欢质地轻巧的手套，说明他们希望别人觉得自己享受人生，注重生活中的每一个细节。

他们热情奔放，追求物质，崇尚虚荣，所以他们的整个生活都沉浸在各种名牌中：衣、食、住、行，全是使用名牌货，甚至希望自己所接触的人也具有一定的知名度。

当这种人的朋友指责他们爱慕虚荣，太过于势利时，他们对此也供认不讳，他们觉得人分三六九等，每个人都有自己的位置，他们认为自己生来就是该享受、有地位的人。

在工作上这种人特别注重自己的职位是否起到举足轻重的作用，对工作的热情程度不高。

（5）绘有图案花纹的手套

如果这种人是成年人，那他们还是童心未泯，是常常以游戏人间为乐事的人物，从某方面说他们是老顽童也不过分。

他们如果是从事艺术创作行业的人，肯定会取得一定成就的，因为他们有着丰富的想象力。这种人懂得如何去关心人，但在很多时候更需要别人的关心和帮助。他们是心地善良有同情心的人，他们最讨厌别人对自己凶狠的模样，总是摆出一副吃软不吃硬的样子。

（6）棉质手套

如果某个人喜欢这类手套，那么他们是质朴无华的人，为人脚踏实地。如果能在街边大排档吃同样美味可口的食物，那么这种人是不会以数倍的价钱进酒楼或餐厅，去吃价格高昂的同样食物。

在工作中，这种人不会刻意表现自己，但也不容许上司或别的人忽视自己对公司的贡献。只要他们认为自己的劳动和公司付给自己的酬劳是相当的，那么他们会一直在公司待下去。

他们同样非常关心家人和朋友。所以，他们的家人和朋友都非常信任他们，认为他们勤奋刻苦，对待友情忠心不贰，是能够同甘共苦的好伙伴。

有时他们的家人因他们对于生活要求不高而责备他们，或者因他们事业缺乏野心而颇有微词，但他们依然我行我素，始终认为知足常乐才是人生真谛。

（7）不戴手套

即使是最寒冷的天气，出门办事时也不喜欢戴手套的人，显然是有意志力的人，能够经受常人不能承受的压力。

他们觉得自己是办大事的人，所以无论他们做任何事时，都保持应有的冷静，这是他们的人生哲学。

他们从不依附于人，坚持自己独立办事的本色。他们靠自己坚强的性格赢得别人的尊重。

在爱情方面，他们不是异性追逐的目标，因为别人觉得他们太过冷漠，很难亲近。

5. 女用丝袜

丝袜令你的双腿看起来光滑一点，在天气冷的时候，有那么一点抵御风寒的功能。由于它的质地非常薄，因此它好像女人的第二层皮肤，装扮着女士修长的腿。

有些女士买十元两双的丝袜，有些却舍得花上百元去买一双丝袜；有的人很小心丝袜与衣服的搭配，有些人不理会细节，但求没有破烂就行了。对于装扮自己双腿和皮肤的装饰物，每个人的态度不同。你属于哪一类？你如何选择丝袜呢？你知道你所穿的丝袜反映你怎样的性格呢？

（1）连裤袜

大多数人的选择。只要经济条件允许，你就会跟着潮流走。在衣着及生活习惯方面，你不会有反传统的举止，但这并不表示在事业上，你没有创新的表现。

你的家庭观念相当重，在可能的范围之内，你会尽力支持家人。在另一方面，你也需要他们的爱护。

你重视人际关系，很少对人出言不逊，你也希望别人对你有同等的尊重。

你的情绪波动并不是太大，因此一般人觉得与你相处并不困难。

（2）昂贵丝袜

几十元或者百多元一双的，你注重物质享受，对自己一般都很慷慨。如果你有条件经常穿用，说明你是个"成功人士"；偶尔一穿，你的感觉一定不错，毕竟没有花钱的不是。

你选择的朋友必定非富则贵，同时你也是"门当户对"这个原则的忠实信徒。

（3）普通丝袜

十几元一打的，真正便宜货。你抱着人有我有的心态，重量不重质。选择职业时，你会首先考虑收入，然后才去考虑兴趣、前途及对人类的贡献，等等。

对于找丈夫，你的态度也差不多。首先，你不想过了30岁仍然独处，所以一早你便抱着要嫁人的目的去结识男友。其次，你很重视未来配偶是否有良好的经济基础。

（4）带色丝袜

是指除肉色以外的颜色，如红、绿、紫、黄和蓝等。你希望将衣服和丝袜的颜色衬到"绝处"，因为你是个有办法注重本身仪容的人。

在选择职业方面，你可以考虑公共关系之类的工作，因为你的适应能力颇强，你可以融入大多数的社交圈子。有些朋友会觉得你太纯真，因为你很少讲出内心的感受，也许在有意无意之间，你又错过与人有过度密切的沟通。

（5）暗花丝袜

你不想只做芸芸众生中的一个，但又害怕过分标新立异，因此你一直尝试在平凡中突出自己。

你最喜欢选购的衣服是那种裁剪简单，但一眼看得出价钱非凡的名牌货。你最讨厌暴发户，因为他们不懂得如何花钱，以为价贵的东西就是好货色，时常把自己打扮得庸俗不堪。可是周围的人怎样看待你，你是不会考虑的。

选择朋友的时候，你注重他们的气质，希望他们像你一样酷爱艺术。

（6）短丝袜

即只有一般丝袜四分之三的长度。你只求舒服方便，明知穿着裙子坐下的时候，人家会看见丝袜的尽头，但你拒绝理会这是否雅观，照样我行我素。

你所认识的人会觉得你是个固执的人，但你却认为自己只不过是坚持原则而已。你曾经多次被人批评说不太合群，但你的解释却是：这些人根本不懂得什么是工作。

如果你已经结婚，你的配偶及子女会觉得你是暴君，因为在家里你订立了一大堆他们必须遵守的规则。

不过，相信最令人受不了的，是你的吝啬。你不肯在别人身上花钱，除非你确定你会得到相当的回报；你不肯无条件地去爱护身边的人，除非人家先向你付出无限多的爱。

（7）袜带

你不甘心做个平凡的女人，你希望自己与众不同。你所选择的朋友也不是普通人，他们大多数会精通自我标榜的艺术。跟他们走在一起，你自己会成为旁人注目的对象。

写字楼的文职工作会令你感到闷得慌，因此除非环境所逼，否则你宁愿在街边摆摊卖小吃。

在事业方面，你经常有些新颖富于创意的念头，但由于你缺乏固定的立场，同时做事不够有毅力，所以至今成就不大。

虽然你的家人算得上是思想开通，但是他们仍然不能完全接受你的举止言行，因此你们之间有时不免出现冲突。

第四章
个人用品传达心理信息

　　一个人所喜欢的个人用品，不仅能够反映他的喜好，也可以透射出他的心理特征。通过个人用品观察人心，将帮助你在社交过程中游刃有余。

皮包传达的心理信息

一个人的公文包也可以反映出这个人的性格特点。例如，包内东西杂乱，表明使用人大大咧咧、不爱斤斤计较，但办事往往也不够谨慎牢靠；皮包朴素大方，包内材料井井有条，则表明使用人办事认真可靠、条理性强、有组织才能。在西方，公文包还变成公司职员晋升的象征。人们有时不惜花上千元购买一只包。

1. 公文包

（1）手提公文包

这种公文包可能已经过时很多年了。在他们购置东西的时候，仍然喜欢用这种提包，说明他们非常注重物体是否耐用。如果一个新朋友去他们家拜访时，还以为他们是个古董收藏家，朋友们讥笑他们意识陈旧。思想保守，行为像一个上年纪的人，总是有一种怀旧感。但他们并不恼火，在友情上，这种人反而希望大家的友谊永远不变。

在交际上他们并不是把好手，所以他们的朋友可能不多，但全部是交往了多年的老友。这种人对待友谊，一如既往地忠诚，朋友们也信任他们，相信他们是踏实可靠的人。

这种人中的大多数可能因为保守型的性格，注定他们在一个部门里不能升到高位，但任何一个上司都需要他们这样的人，办理具体事情时，上司会交给他们。

（2）色彩鲜艳的背包

如果有人喜欢使用这种包，可以肯定他们的年龄不大，他们的个性就像色彩一样鲜明。

他们热情活泼，精力充沛，对生活和事业充满希望，在工作上，上司指定的事情，他们能迅速完成，即使质量不高也很少受到指责，因为上司喜欢他们的这种敬业精神。

在事业和生活上，他们还未受到过较大的打击。在与人交往时，他们不会随便乱交朋友，他们所结识的朋友都和他们一样，热爱生活，有远大的抱负，他们尊重那些比自己年长的，在事业上有所建树的人，经常以他们为榜样，激励自己奋发向上。

（3）老板包

这是种小巧精致的包，便于携带和放置，同时也容易遗落。它的功效是能放置名片、钱物、账单和餐巾纸以及手机和应有的虚荣心。

当这种人夹着这个包在街上四处奔波时，他们的虚荣心容易得到某种满足。因为这种人很能替自己争取利益，从不放过赚钱的机会。在股票和证券交易所流连忘返的人，差不多都是和他们拿一样包的同类人。也许是时运不济，这种人很难赚到大钱，却不时能发笔小财，所以他们并不是很缺钱花的人。

这种人热衷于各种信息，经常谈论各种行情，对著名的公司和老板能如数家珍。

在与人打交道方面，他们有着深厚的社会功底和实践经验，一般人很难看出他们的本来面目。这种人爱占便宜，怕吃亏，但在花钱维护关系上，他们出奇地大方，往往给人一种

"讲义气"的感觉。

在感情上，他们经常不能给家庭兑现自己的承诺。在追求异性时，往往也以失败居多。

（4）不断换新的高档挎包

这种人可能是追赶潮流的人，身边的玩物不断花样翻新，当然也包括提包。

这种人推崇享乐主义，他们不断追求高级享受，花费多少他们也不计较，所以他们常常囊中羞涩，入不敷出。

在工作中，这种人经常别出心裁，干一些弄巧成拙的事情，比如喜欢研究以最简单的方法去做最复杂的事情，当然他们的想法是好的，即希望以最小的代价换取最大的成就。

在人际关系上，他们很难避开一些纷争，经常使自己惹得一身麻烦。这种人很少有深交的人，但酒肉朋友不少。

（5）公司赠送的包

有些人总是携带这种包去公司上班，不是他们的收入低或经济负担太大，可能是想显示自己对公司的热爱，他们希望这一举动能赢得上司的好感。

这种人做事情不讲求深度只求表面，但他们可能比一般人懂得如何邀功领赏，有时也的确能博得上司的赏识。不过他们的同事并不欣赏这种人的行为，他们甚至可能排挤他。

（6）没有公文包

没有公文包的人，也就是那些从不使用提包的人，他们肯定自有其独特的个性。任何时候这种人都空着两手去公司上班，很有可能是没兴趣让人家知道自己的身份和地位。他们是喜欢独来独往的人，不希望有所牵挂来羁绊他们的行动，因为他们是喜欢保持距离的人。

在做事情时，他们不希望别人在场来干扰自己。别人会对他们颇有微词，但他们并不计较。他们与人相处，只停留在表面上，既不向深度发展也不完全排斥。所以，这种人既无最要好的友人，也无深仇大恨的敌人。

他们在做任何事情时，很难听取别人的意见。当他们取得某种成就后，别人也就会同意他们的做法是对的；如果他们办砸了，即使有人幸灾乐祸，他们也会觉得无所谓。

2.手提包

女士们的手提包就是一个小小的秘密，它不会轻易让人窥视。因此，心理学家把女士的手提包称为"个体世界的浓缩"。

在这个浓缩了的"个体世界"里，自然也就有主人的"个性"蕴含其间，而其"个性"自然也是存在性比较差的。

让我们通过以下类型的手提包，去窥视一下人们心中的"秘密"。

（1）"混杂"型提包

在这类提包里，即使是最常用的物品，也会被放置在提包的最底下。一旦要索取一张车票，或者是一本工作手册，就得把提包里的一大半东西兜底儿掏出来。这种提包的主人在日常生活中，凡事都奉行"无所谓"的随便态度，对区区小事从不斤斤计较。热情，好交际，慷慨大方；但不够谨慎，办事欠可靠，工作不够细致。与这类人容易相识，也容易分手，因为他们性格上具有两重性。

（2）"整齐"型提包

这种提包里任何需要的东西总是伸手可得，提包款式也常常朴素大方。持这种提包的主人一般都有强烈的上进心，办事可靠，品行端正，待人接物彬彬有礼。一般来说，他们很自信，也有组织才能，但缺乏想象力。

（3）"收集"型提包

在这种包里有用过的废戏票、皱巴巴的处方、商品说明书，还有信封、照片……有这种习惯的男人，求知欲强，乐观，喜交际，好炫耀；持这类提包的女主人，富于幻想，缺少条理，不太善于处理各种生活琐事。

（4）"摩登"型提包

提包里大多放有化妆品、镜子等。如果是女性主人，表明她喜爱色彩，富于幻想，爱美，当然也热爱生活。如果是男性主人，则表明他虚荣心极强。

（5）"公事"型提包

提包里经常装有各种笔记本。另还有各种面值的邮票、信封、公文纸和报纸杂志，并且在包里一定能发现不止一支笔。在这类人中，尽管性格各异，但是他们有一个相同之处——自信，但缺乏幽默。如果是女性，则个人意识较强，但对生活中的许多事情，看法过于简单幼稚。

（6）"全面"型提包

提包里应有尽有：备用眼镜、保健药盒、电话号码通讯录、各种钥匙串、指甲钳，甚至缝衣服用的针线及塑料食品袋等。如果在女士提包里发现这类东西，说明这位女主人凡事严格，办事仔细认真，善于处理各种实际问题，很能持家，心地善良，能体贴人。但是，如果这些东西在男士的提包里发现，那只能说明他过分拘泥细节，实际上，在生活上他也不太能自理，是个不太有开拓创新精神的男人。

眼镜传达的心理信息

西方非语言交际学家对眼镜在交际中的作用进行了大量研究。普遍认为，人们可以运用眼镜表达内心活动和传达交际信息。

1. 墨镜

戴墨镜一般是为了在室外阳光下保护眼睛。在室内戴墨镜就不仅是对他人不礼貌，还会引起别人不愉快的猜疑。既然戴墨镜的人可以看到别人而别人却看不见他的眼睛，他们就会给人以隐匿自己面目的感觉，至少使人感到难以接近或交往。有些名人为了对付记者的闪光灯，也喜爱戴墨镜，则另当别论。在葬礼上，穿黑色衣服，戴黑色帽子或黑色头巾，同时戴墨镜，则是一种礼仪。若是在葬礼上，目光显不出沉痛又不遮掩，那就失礼了。

2. 近视镜

戴近视镜似乎可以给人以聪明、勤奋和有知识的感觉，但也有人认为影响美观。所以，有些国家青年女性戴近视镜的人少，戴隐形眼镜的人多。

除了矫正视力的内在功能之外，人们也靠所戴的眼镜去塑造某种形象。因此一个人的眼镜正反映出他内心深处的活动。

3. 黑边眼镜

这种人希望投射稳重及成熟的风格。在人面前，他们的确经常表现得热爱传统：听古典音乐，欣赏穿套装的女人，吃饭讲究，穿鞋必定穿袜……

这种人自认为是做大事的人，可惜有些时候，有些场合他们表现得过分保守且缺乏冒险精神。

4. 金丝眼镜

这种人希望别人觉得自己带有学者风范。在跟人家讨论问题的时候，他们喜欢发表一些独特的见解，以表示自己与众不同。

这种人非常注重自己的外表，尤其是当约会朋友时，他们必定穿着鲜亮，同时在言语之间，他们会暗示自己是有身价的人。

对于工作，他们始终热忱于它会为自己带来的实际好处。

5. 隐形眼镜

选择戴隐形眼镜的人可分为两类：一是觉得自己面部轮廓无懈可击，无论戴什么样的眼镜都会使自己变得"难看"。因此，不想被一副眼镜破坏；二是认为自己长相已经够"丑"了，不想被一副眼镜进一步地丑化。

这种人拥有的衣物贵精而不多。而且他们很注重搭配，连最不起眼的细节也不肯放过。

这种人不会随便追求人或接受别人追求。他们希望彼此无论在外貌或内涵上都能够相称，才会考虑发展男女之间的感情。

在选择朋友方面，他们也颇为挑剔，他们认为"道不同不相为谋"，因此除非对方与这种人有相等的价值观，否则这种人不会考虑跟他们做朋友。

6. 无边眼镜

这种眼镜通常价格较贵，属于高档眼镜。戴这种眼镜的人一般显得很文雅，所以这种人认为自己是客观的，面对所有的问题，都能够从大体着想，不会因为一些细节而影响大局。

他们亦觉得自己善于用计，因此与人交往时，就算对方胸无城府，这种人也喜欢兜着圈子跟别人沟通，不直接讲出自己的心意。

7. 平光眼镜

纯粹作为装饰之用。平光眼镜的档次、价格、样式都能给人以不同的感觉。例如，镜片大得吓人的褐色天然水晶镜，价格相当高，况且也不美观，但戴这种眼镜的人还是有不少。因为这种人有可能不是一个忠诚的人，他们不肯以真面目示人，因此真正了解这种人的人少之又少，而一般所看到的只是片面的他们。

平光眼镜戴得久了，或许连他们自己也看不清楚真正的自我，现实与幻想混成一片。

8. 有颜色塑料边眼镜

不同的环境，不同颜色的衣服，戴不同颜色的眼镜。戴这种眼镜的人害怕寂寞，抗拒单调的生活，尽自己所能把每日的时间表用各式各样的日程填满。

他们是生活中普普通通的人，生活因为他们才显得多姿多彩。因此，每当我们生活中的新玩意儿出现，这种人必是第一批捧场客中的一个。他们喜欢人家说他们生活得多姿多彩，懂得享受人生，并且永远走在潮流前面。

戴眼镜的人，尤其是戴老花镜的人喜欢利用眼镜传达不同的信息。例如，一个人不由自主地折叠和打开眼镜时很可能是表示厌烦；领导人突然摘下眼镜，将其放进眼镜盒，就是表示会议或谈判已结束；把眼镜朝桌上一扔显然是不高兴的表示；上级对犯错误的下级摆晃眼镜则表示温和地申诉；把眼镜推到头上，不通过眼镜看人表示开诚布公；把眼镜架在鼻尖上，从镜框上方看人，一般是为了省去摘戴的麻烦，但也会传达审视或评断的信息；啃眼镜腿或把眼镜腿放在嘴中，则可能显示内心紧张、感到有压力、沉思或拖延时间。在讨论会上，当一个人被迫做出某种决定时，这也是争取考虑时间的一种常见方法。

眼镜还可能暴露出一个人的性格：

第一，眼镜品质也暗示着男人的经济能力。

第二，讲究眼镜品质，如金框或名牌者，大多是爱慕虚荣而喜自我表现。

第三，喜欢戴墨镜（太阳眼镜）者，一般都自卑感重，情感偏激或性格怯懦，但是也有些人很有实力，他们看不起这个社会，或是不想让这个社会认出他们。

第四，眼镜片明亮干净者，为人谨慎；眼镜片肮脏者，生活散漫，为人任性。

香烟传达的心理信息

有人通过研究发现，吐烟方向也可传递一定的信息。例如，烟朝上吐可能表示积极、自信和优越感；烟朝下吐，则可能表示消极或多疑；如果不仅是朝下吐，还从嘴角吐出时，则不仅表示态度消极而且还有些诡秘；如果一直把烟头放在烟灰缸上敲，则可能表示吸烟人内心不平静；如果香烟刚点燃就将其灭掉，则可能表示想结束谈话；如果一支接一支地不停吸烟，则表示吸烟人的内心矛盾激烈。

雪茄比较昂贵，体积也比较大，原来用作庆贺之用。例如，婴儿出生、举行婚礼、生意成交及彩票中奖，等等。平时只有富商和上层人物才经常吸雪茄。所以，雪茄用以显示优越感。

吸烟斗的人不仅把烟斗当成吸烟的工具，还会像女士涂口红一样把烟斗当成面部的一种化妆。用烟斗的最大特点还在于嘴叼烟斗可以表示深思熟虑和显示自我优越。使用烟斗的人有清理烟斗、填充烟丝、点火、慢慢吸吮和磕打烟灰等一系列习惯性动作。在交际中，吸烟斗的人常常借助这些动作思考问题或故意拖延时间，所以有的人在交际中不愿与这种人打交道。有的人还认为，"绝对不能雇用吸烟斗的人，因为他们会把全部时间都花在清洗、装填和磕打烟斗上"。

从一个人"怎样拿烟在手""怎样叼烟在口""怎样吸烟""怎样点香烟""怎样熄灭香烟"等行为可以判断一个人的性格。

1. 男性拿香烟在手的姿势

用食指与中指指尖夹烟。对于流行时尚或时代动向极为敏感，时常瞻望未来，妥善安排生活。能够充分享受生活兴趣，但略显神经质，有时善妒。香烟夹在食指和中指间，其余手指略分开。很难随心所欲，或掌握住自己渴盼获得的事物，又常因无法满足自己欲望而苦恼，或因过分消极而失败。

将香烟夹在食指、中指近手掌处。这类男性爱好变化，经常怀有无穷美梦与伟大理想，即使遭遇失败，也不气馁，具有充分的活力与冒险精神。

用拇指与食指夹烟，掌心向内。外表会给人不太值得信赖的印象，却能重视本身的工作与生活，绝不做非分之想。这类男性有自知之明，在本职岗位上能脚踏实地地工作，进入中年后方能崭露头角，属于大器晚成型人物。

食指中指夹烟，拇指挺直，不时轻按下颌。大都具有男子汉气概，值得信赖。对自己的工作与生活充满自信，属于进取型人物。

拇指与食指夹烟，掌心向外。喜爱与人谈天说地，宴游作乐。热闹场面尤其热衷。爱助人为乐，一旦受人请托，很难开口拒绝。

2. 女性拿香烟在手的姿势

将香烟夹在拇指与食指间。这种女性聪明自负而难缠，绝不轻易泄露心事，总是摆出一副"你认为呢"的态度，往往有玩弄感情的倾向。

将香烟夹在中指、食指根处，拇指分开。这种女性很精明，能抓住男士心理，喜欢周旋于男士之间，并爱被赞美奉承，情感比较开放浪漫。

将香烟夹在食指、中指间，拇指轻靠着香烟，屈着无名指与小指。这种女性艳若桃李，冷若冰霜，心中总认为你应该明白她们的心思，一闹起情绪，能够冷战好几天不说一句话。

用食指、拇指夹拿着香烟，其余三指屈拳向上。这种女性爱慕虚荣，会从呆板的生活中寻求享受而创造乐趣，因此，其性情变化也比较强烈。

将香烟夹拿在无名指与小指之间。这种女性聪明能干，坚持主张男女平等，大多为女强人，言行豪爽干脆。

将香烟夹拿在中指、食指间，略屈成拳。这种女性个性爽直乐观，随和散漫，做事比较粗率，凡事漫不经心，常常忘记带钱、带钥匙，或记错约会时间、地点。

3. 吸烟的姿态

吸烟者把烟含在嘴里而迟迟不愿吐出，象征此人爱好物质享受。若每每欢喜吐烟圈的，那就不仅爱好物质享受，而且有毅力、肯吃亏、不屈不挠。

吸烟者把烟向左方吐去，象征此人喜欢回忆从前的经历，并且非常自私，大多是招摇撞骗的能手。若跟这种人为友，千万小心！

如果把烟向右方吐去，则象征此人有坚强的意志。他无论对于金钱、意见和权力等都不会斤斤计较，这种人善于辞令，有交际手腕。

吸烟者只把烟从口角一缕一缕地吐出，象征这个人快乐文雅，富于兴趣；若张开大口吐烟的，则象征这人胸无城府。如把嘴唇紧闭而后一口一口地轻轻吐烟的，象征这人自尊心强，很自负。

吸烟者将烟向地面吐去，象征这人固执，尤其是贪念极大。

如果将烟向空中仰吐，则象征这人较理性。

吸烟者与人面对面谈话时而偏转头去吐烟，象征这人很有礼貌，但也有人故意这样做，以博人欢心。

吸烟多年而手指无烟迹，象征这人个性沉毅，能够保守秘密。若一支烟仅吸一半便抛弃接着又燃另一支，则象征这人没有恒心，而且爱慕虚荣，常见异思迁。

深深地吸一口，然后慢慢吐出烟来的，象征这人劳心多用脑筋；若与人谈话时仍把烟衔在嘴里，边吸边谈的，则象征这人傲慢无礼。

凡喜欢仰望烟气袅袅上升的人，多富幻想力、有耐心、有艺术鉴赏力，若不弹烟灰而任其自落，则象征这人无责任心，凡事马马虎虎，得过且过。

吸烟者常常换烟牌子的，象征这人用情不专，做事缺乏毅力；若在未答复对方问话前而先吸一口烟然后回答的，则象征这人的答词一定不甚真诚。

吸烟者过分歪斜地将烟衔在嘴唇边，许久不拿下来的，象征这人行为放荡不羁；相反，把烟端正地衔在嘴边，这是一般吸烟人的正常姿态，任何思想，总比前者正直善良得多。

吸烟者不断用食指弹烟灰，说明这人正在思索，烦躁不安。如果把烟头用力压在烟灰缸很久都不放手，则象征这人心神不宁，或因运气不佳，也许遭遇到一些困难。

骄矜者吸烟缓慢，暴躁者吸烟快速，梦想家吐烟圈。率直而忠直的人，没有特别习惯。

连续不断的吸烟者，暗示神经衰弱或心神不宁。

把香烟吸一两口便丢弃者，显示其内心烦躁苦闷。

把香烟抽到几乎烧到手指的人，为人聪明理智，工于心计而吝啬。

用烟斗吸烟的人，表示性情稳定，性格明朗正直，生活悠闲。

吸雪茄或外国名牌香烟的人，表示其人过惯奢侈生活，自负固执，凡事自以为是，或者是个装模作样的伪善者。

4. 夹拿香烟头的朝向

香烟头与滤嘴几乎呈水平者，为人诚信，做事平实。

点火的香烟头向外朝上者，为人固执倔强，做事积极。

把香烟头向外朝下者，神经敏锐，富于幻想，好意气用事。

把烟藏在手里，烟头向掌心，由全部手指围住，表示性情孤独，自卑悲观，而且情绪不安定。

拇指、食指夹拿香烟，烟头向外者，表示争强好斗，经济困难。

拇指、食指、中指夹拿香烟，烟头向外者，表示聪明，做事小心，追求时代潮流且很现代化。

食指、中指夹拿香烟，又用拇指轻轻拿住滤嘴的人，表示固执己见，小心谨慎，爱好艺术。

首饰传达的心理信息

首饰能给人们带来某种形象。戴上一条醒目的项链和一副漂亮耳环时，会使自己的形象提高到另一个层次。一个人在佩戴不同的首饰时，他们可以投射出来某种性格。

1. 纪念性首饰

比如结婚戒指。如果一种人佩戴结婚戒指，说明他们对自己的配偶相当满意，他们要让全世界的人知道他们是已婚人士，他们对自己的婚姻非常投入。

能经常佩戴结婚戒指，这也说明这种人婚后的一切都以家庭为重。这种人是如此看重自己的家庭，以至于他们的同事和上司会觉得他们在工作上不像以前那样进取向上了。

2. 名贵首饰

一个人身着名牌时装，佩戴名贵首饰，用意一目了然，不外乎标榜自己的富有和相应的地位。

这种人非常注重自己所展示的形象，希望别人知道他们是有钱或者有地位的人。同时，他们也希望用这些价值不菲的装饰能够掩盖内在的某些不足之处。

也许，具有讽刺意味的是，他们常常花大价钱佩戴的首饰并不总是能给他们带来应有的尊重。

3. 生肖首饰

父母总是喜欢给自己的孩子佩戴属于某种生肖的首饰。据说，如果星座与所戴的首饰搭配恰当的话，不但会给本人带来好运，而且还会填补他们性格的不足。

如果他们是成年人，那么他们所佩戴的生肖首饰又能反映这种人的哪些性格特征呢？

显然，这种人是相信命运的人，即使他们出现偶然的失误，他们也相信这是命定的，他们觉得许多事情都是上苍安排好了的。这种信念直接影响他们处事的行为，因为他们认为事情的成败并不由自己决定。

这也注定这种人在人际关系上处于被动的位置，同时他们是缺乏创业精神的人，好在他们能知足。

4. 怪异首饰

这种人脖子上的项链是用野兽的锁骨制成的，他们所佩戴的戒指又是用野兽的趾骨做成的，而他们悬挂的耳环是一个奇形怪状的木雕。

从这种人所佩戴的首饰上看，他们是有怪异行为的人，具有强烈的猎奇心理。他们使用的东西可能是别人早已抛弃了的，或者历经几个世纪的物品，他们的行为也是别人难以想象的，他们会穿上一件破烂的衣服去公司上班，大雨天里拿着把伞在大街上行走。

总的来说，这种人喜欢标新立异，他们愿意用自己的双手去修理一些家庭用品，还会把自己的居室装得稀奇古怪，但他们为人不错，很多朋友都喜欢他们。

5. 全身挂满首饰

以这种形象出现的人，是个十足暴发户形象。

可以这样想象，在一个社交场合，他们的十根手指起码有七根手指戴着颜色不同的戒指，一对手镯足有一斤重，而那条镶着巨大宝石的项链，看上去就像一个枷锁一样套在他们的脖子上。

这种人真正的用意是显示自己的财富。

这种人有强烈的表现欲，经常在有意无意间让人家知道他们的长处。在会议室里，他们经常抢着发言，希望把众人的注意力集中到自己的身上来。

但这种人兴趣广泛，经常转换职业，很容易对人产生好感。

6. 不戴首饰

喜欢干净，崇尚自然，他们不肯接受约束，喜欢独来独往，按照自己的意愿做人。

他们也讨厌应酬，他们认为一切外在的修饰都属多余，从来不会人前马后地去显示自己。同时，他们也轻视这样的人。

这种人是孤独、沉寂的人，喜欢单独做事，难免有人说他们为人太过自我，他们对此不但不以为忤，反视之为崇高的美德。

第五章
生活中的行为心理学

俗话说，画虎画皮难画骨，知人知面不知心。读人有难度，但读人也很重要。想掌握交际场上的主动权，那么我们就必须比别人先走一步。人不是藏在盒子里的秘密，但再难"读"的人也会露"马脚"，别人的衣着打扮，一言一行都可以作为我们的根据，只要你足够细致，识人就是"小菜一碟"。

从点菜方式看透心理

人们与友人、同事到饭店或酒店里用餐时点菜的习惯都略有不同。从点菜这么一个小小的举动中，我们也能对人的性格做一个简单的透视。

1. 不管别人，只点自己想吃的菜

这类人乐观开朗、完全不拘小节。他们反应敏捷，做事果断迅速，尽管做得正确与否通常很难说。如果是先看价格，然后迅速做出决定的人可以说是合理型的；不管价格如何，只选择自己想吃的东西的人是享受型的；在比较价格与内容才决定的人，为人吝啬，常为蝇头小利而斤斤计较。

2. 先请店员说明菜的情况后再点菜

先了解菜的价格、原料、口味等情况然后再点菜的人属于自尊心强的类型。他们讨厌受别人的指挥，无论做任何事都有独到的见解，并且能够从始至终坚持自己的主张，不会轻易变更。他们行事积极，事业心强，做任何事都追求与众不同，不同凡响，不喜欢亦步亦趋地跟在别人后面。在待人方面，他们注重礼仪，重视双方的面子，人缘较好。

3. 点和别人同样的菜

点菜时没有自己的意见，只是选择与已经点过的人相同菜色的人多是顺从型的。他们为人谨慎持重，但过于小心翼翼使他们常常会忽视了自我的存在，当与别人意见相左时会立刻顺从别人。这类人对自己缺乏自信心，非常容易受到他人的影响，对已有的想法不能坚持到底。

4. 先说出自己想吃的东西

这类人性格直爽、胸襟开阔，再难以启齿的事也能轻而易举、若无其事地说出来。这种人待人不拘小节，度量很大，善于原谅别人。可能是为人的缘故，即使他们有时说话尖刻，也不会被人记恨。

5. 先点好，再视周围情形而变动

有一类人会先按自己的想法把菜点好，然后视周围其他人的选择而对自己的菜再加以变动。这类人个性小心谨慎，缺乏安全感，在工作生活的各方面都容易犹豫不决，畏首畏尾。此类型的人给人的总体印象是非常软弱的。他们想象力丰富，但太拘泥于行为细节，眼界不够开阔，缺乏高屋建瓴的眼光和掌握全局的意识。

6. 犹犹豫豫，点菜慢吞吞的

这类人做事一丝不苟，永远把安全放在第一位，总是能为他人着想。但由于他们过分考虑对方立场，常常会过于谨慎，导致事业裹足不前，人生在原地打转。他们为人虚心认真，对他人的劝说能够真诚地听取采纳，却常常因此忘掉自己的观点，失去自我。

7. 一次点了一大堆的人

这个也点、那个也点，不管吃得了还是吃不了就乱点一大堆的人个性浮躁，不能安心做事。他们比较孩子气，想法和需求非得直接表达出来才甘心。这种类型的人做事时总是盲目乐观，对失败的可能性缺乏慎重考虑。另外，他们的随机应变能力也不是很好，常常在突如其来的困难面前慌了手脚。

从付款方式看透心理

在日常生活中，我们的邮箱常被一张张的账单填满，人们拿到付款单后所采取的付款方式也能够反映出一个人的性格。

1. 见到账单立即付账

收到账号立即给付的人喜欢做债主，从不希望自己欠别人的，对"债务人"这个角色避之唯恐不及。他们的个性独立自主，为人真诚坦率，处事干练果敢，很有魄力。无论是事业上还是生活中的事都拿得起放得下，当机立断，从不拖泥带水。他们对于自己的错误能够正确认识，诚心反省，不会以任何借口逃避责任。

2. 亲自付账

喜欢亲自付款的人，大多观念比较传统和保守，对新鲜事物的接受能力比较差，循规蹈矩，守着一些过时的东西，缺乏冒险精神，对许多事都要自己亲自参与才能获得安全感。正因为如此，他们常常采用亲自付账的方式。这类人的心里埋藏着深深的自卑，他们缺乏成就感与安全感，但内心渴望他人的注意和认同。他们会借由在公共场所，如买公园门票、餐厅买单时争着付款一类的表现来显示自己在财政上早已处于宽松状态，希望能给别人留下全新的印象。这种小心翼翼、亦步亦趋的行事风格使他们在人生中很难出现大的飞越。

3. 能拖就拖

这种人讨厌付出任何东西，哪怕这种付出是理所当然的。因此，他们从不主动去关心和帮助别人，总是想着多占便宜，想着怎样把钱尽可能地保存下来。他们对自己应付的账单也是能拖多久就拖多久，从不按时付清。这种自私、缺乏公平观念的做法却被他们奉为圭臬，坚决地执行着，就算触犯法律也乐此不疲。

4. 授权他人

这类人公私分明，注重形象，讲求信义。他们身为理财高手常常都在忙着处理高额的商业债务，对房租、电话费以及水电费等"小钱"一般都不屑一顾。尽管如此，他们的授权对象也都是经过仔细考虑的。他们非常重感情，即使在百忙之中也常会考虑到别人的感受，向家人朋友传递简单的祝福。

5. 月初即付

所有的账单每月初付清的人重信守义，恪守"诚信乃做人之本"，有非常强的责任感。他们可能不是很有钱，但其偿付能力不容置疑。在一定的时间内，把该付的账单付清，使他们颇有成就感。这样的人能够成为很好的合作伙伴，因为他们非常值得信赖。

6. 延迟型付款

拥有超前消费观念的他们活在未来而无法应付现在。他们永远不会承认当下入不敷出的现实。他们时常在囊中已然十分羞涩的状况下去添置价值昂贵的服装、首饰，佯装幸福和富有的样子，对家庭应尽的义务却常表现出由于工作繁忙、精力有限而力不从心的感觉。可以说，他们正为了面子问题而在人生道路上疲惫急地奔波着。

7. 推给别人

这一类型的人总是无法坚持自己的原则和立场。他们的责任心并不是很强，常会找借口和理由为自己开脱，把问题推给别人，在挫折和困难面前也不敢面对，总是会胆怯、退缩，找一个安全的地方躲藏起来。

8. 电话付费

采用电话付费服务的人对新鲜事物容易接受，并懂得利用现代科技为自己服务，享受更高品质、更加轻松的生活。但由于对某些东西过度依赖，常常会使他们太容易被征服，丧失一些自我的主动权，从而受控于人。除此之外，他们奉行"用人不疑、疑人不用"的方针，对所有的人都给予百分之百的信赖。

9. 循环信用

在这类人看来，生活本来就该过得十分富足，即使必须以循环信用的形式来加速周转也无妨。因此，他们常常用向一家借钱还给另一家这种加速货币流通的方式付账。他们的财政赤字虽然没降，但信义也没有丧失。

从消磨时光的方式看透心理

每个人的性格习惯不同、兴趣爱好迥异，在无聊时去做的事也各有不同。我们可以通过观察人们无聊时选择的消遣方式来对他们的生活态度做一个小小的判断。

1. 上床睡觉

无聊时选择上床睡觉的人对待生活态度比较消极，很容易被困难和挫折击倒。他们在遇见问题时的第一个反应总是尽量躲避，躲避不掉就会请人帮忙解决，从不考虑靠自己的力量去解决它。他们不喜欢费脑筋思考问题，相信只要不理睬它问题就会自动消失，因此才能放心大睡。他们的认知能力比较差，常以很单纯的方式思考。他们的个性单纯，心地也很善良。

2. 打电话，长舌一番，就可以改变心情

有如此举动的人就连人生观、价值观也是以别人的意见为主，对许多事都是人云亦云，没有自己的看法和主见。他们往往需要一些人的帮助，从而能够在不知不觉中让他们导引自己的人生方向。他们很善于交朋友也很重感情，因为他们时时需要亲情和友情的安慰。

3. 洗澡梳洗完才去玩

洗澡梳洗完才去玩的人属于创业型的人。他们在努力工作和创业时，会感到无比的快乐和兴奋。因此他们应该及早发现并发掘自己的天分，找到自己喜欢的职业，以期有所建树。他们本身就精力过人，而且通常还都很喜欢健身运动或慢跑，以便让他们的身体和精神永保最佳状态。因此，这种类型的人总是给人身体健康、神采奕奕的感觉。

4. 逛街购物

选择逛街购物消磨时间的是依赖光鲜外表生活的人。外在的条件可以增加他们的自信心，让他们觉得自己与众不同。同时，他们也有一些恋物情结，追求生活上的奢侈享受。正因如此，决定他们的生活是否完美的最重要条件就是能否享有丰富的物质生活。对他们而言，别人赞美、肯定和羡慕的眼光才是他们真正需要的。

5. 找些美食，大吃大喝一番

这种类型的人毫无疑问是属于及时行乐型的。他们的人生观是只要自己觉得快乐就好。他们可以随时自得其乐，不会为朋友而影响心情，不会在乎明天的烦恼，颇有些"今朝有酒今朝醉"的态度。这种类型的人对精神层面的东西很不重

视，甚至可有可无。对他们而言，由感官的刺激得到的快乐才是自己真正想要的。

6. 找人发脾气

自己觉得无聊就拿别人当出气筒。把情绪发泄到别人身上的人无疑是受到了过度的宠爱和照顾。他们可能很有才华，在某方面有着非常出色的表现。他们不善于与人钩心斗角，但良好的辩才和骄纵过度却使他们养成了对人直接发脾气的坏习惯。他们希望自己像王子、公主般受人重视，感情、事业、婚姻等各个方面都要顺着自己的意愿才能心满意足。

7. 摔东西

这种类型的人多少有些歇斯底里的情绪，喜怒无常，情绪很不稳定。他们容易冲动，不能承受挫折，但是太多的自信往往使他们无法正视自己的缺点，不能自我反省，总是把失败的责任归结到别人身上。他们常常认为别人不了解自己，并因此深感痛苦。事实上，就连他们自己也不了解自己是哪种类型的人。

8. 抽香烟沉思

无聊时点上一支烟，边抽烟边思考一些问题的人通常脾气很好，心胸宽广，懂得谦让、忍耐的美德。他们怀有强烈的责任感，颇有英雄主义的气概，希望能够在别人面前保持形象和尊严，因此他们从不轻易倾吐心事，更不会随便打扰别人。他们很重感情，但刻意的克制却使一般人不易了解到其内心世界。

9. 找朋友打牌或一伙人混在一起闹一闹

选择和朋友一起消遣的是从来不为烦恼所困的人，他们很世故，懂得运用朋友关系解决问题或消除烦恼。可以说，他们的一生都离不开朋友，朋友也离不开他们。他们生活在真真假假的现实世界中却从来没感到过丝毫的困惑，因为他们从不介意真假这一回事。这类人的生活态度可以说是"只要开心就好"。

10. 清洗家务、打扫房间、整理衣物

这种用劳动来消遣的人的耐心和耐力都很坚强，他们无论遇到怎样的困难都不会轻易放弃，总会以沉着冷静的态度去面对，在想到好办法、等待时机之时妥善处理。这类人的生活总是忙忙碌碌的，不过他们工作非常讲究效率，凡是处理得当，容易对抗挫折。

从拿烟姿势看透心理

通过观察，我们不难发现那些喜爱抽烟的人，都有自己习惯的拿烟姿势，根据有关人士调查发现，拿烟的姿势也可以洞悉出一个人的性格。

喜欢将烟夹在食指和中指的尖端的人，有点消极和神经质，特别爱干净，有点女性化的倾向，喜欢着眼于小事。在处理细枝末节的事情时，如女性般细腻、小心。

在工作中，优柔寡断，缺乏行动力，虽然想法及理想都很不错，但却无法将那些想法及理想运用到实际中，做事缺乏积极性。因此，即使他是一个很有潜力的人，也很难有所建树，更得不到上司的肯定。

对女性谦恭有礼，非常有绅士风度，而且很会领导女性，因此被他这种个性吸引的女人很多。

喜欢将烟夹在食指和中指深处的人，为人积极，做事

干脆、果断，很有男子气概，想到要做的事，会马上付诸行动，是个很可靠的人，也很能得人信赖，有强烈的责任心。由于他做任何事情的冲劲都很足，工作热度强，所以很容易为自己树立强敌。但有时因为投注的心力太多，所以一旦失败，会比一般人更容易丧失信心，而且无法从失败中站起。

喜欢将手掌向外，用大拇指和食指夹住烟的人，是那种不会隐藏秘密，属开放型的，擅长社交，与什么人都谈得来，而且很投机，非常得人心。

做事时，态度常常表现得很积极，好像是有进取心的人，但只是付诸嘴上，做起来却缺少热情，所以常常是半途而废。

在女性心中，他是个富有爱心、同情心的人，也是个商量事情的好对象，但是在言谈上较轻率。

喜欢将手掌打开，用中指和食指夹住烟的人，处事带有很强的攻击性，警觉性很高。同时，还具有要强的个性，善恶分明，很容易接受朋友或异性朋友，但是喜欢或讨厌分得很清楚，喜欢时会打开心房，与朋友共患难；一旦厌恶时，会变得很冷漠，好像不认识一般。对于决心要做的事，即使遭受很大的阻力也要完成，但在做想做的事之前，会花很多时间，慎重考虑，而且会详加计划。选择的对象以年少的较能相配，也比较能相处在一起。

那种抽烟不用手夹，直接放在嘴上的人，属于轻率型，什么事情都要插嘴，而且心性不定，非常轻率，很容易相信别人，同时又有点神经质，所以受骗的机会也相当多。外表看起来，像是很有执行力的人，但实际上是很散漫的人，对什么事都漫不经心，不能把握原则，常常和自己的意见相脱节，也常常做错事。

不过，他们在恋爱方面，则是非常热情，而且是会大胆行动的情圣，所以女性与这种人交往时要慎重考虑。

抽烟时将手指与手指轮流拿烟的人，属于精神不定型。这种人相当敏感，对于任何事的反应都很强烈，所以精神上一直不能很安定。而且身体的状况也很不理想，因此他们无论做什么事，都无法很如意地完成。

从佩带钥匙的习惯看透心理

在生活中，很多人喜欢以不同的方式携带自己的钥匙，或是出于方便目的，或是出于时尚考虑，或是由于习惯使然。总之，不同类型的人总会以自己的方式保管好这串能够开启温馨、私隐、财富之锁的"安全防线"。正是这些看似无意，又出于有意的携带习惯，恰好可以折射出一个人的内心世界，开启不同的心灵之门。

喜欢把钥匙分门别类整整齐齐地挂在包内的钩上，这样可以达到一目了然的效果，同时说明你是个注重组织的人。每天在开始工作之前，你必会首先组织一下当天要做的事情，然后按部就班地去做。在生活中，你也会把一切安排得井井有条，好处在于不会乱了阵脚，忙中出错。不好的地方是一旦习惯了此种模式后，渐渐就会失去应付突发事件的能力。

在朋友眼中，你是一个很值得信赖的人。但有时候他们认为这种人过分执着，处事缺乏弹性，而且最令人难以忍受的是你从来不参加他们的即兴节目，因为你怕这些节目会破坏自己惯有的生活秩序。知足常乐，总的来说，你是个安分守己的人。

1. 喜欢用钥匙扣的人

你的宗旨是要以最少的代价换取最多的回报，对于结交朋友，你总抱着开放及随和的心态。你认为两个人只要相处愉快就能够成为朋友，但假如要你为朋友两肋插刀你就会认为那样做划不来，因此，你的知心朋友并不多。在心底深处，你把人生视为舞台，而你的目标只是做个过得去、不至于被人"散台"的演员而已。所以，你的处世态度就是游戏人生。

2. 喜欢把钥匙穿在钥匙链上的人

一条长长的金属链，一端扣在裤头，镶着锁扣的另一端放在裤袋里。喜欢使用钥匙链的你对个人财产有一份执着，或者讲得具体一点，你喜欢把一切珍贵的东西谨慎地放在身上，要你拿出一小部分出来分享都很困难。所以你是一个吝啬的人，在强烈占有欲的支配下，你对自己看中或认为应该属于自己的东西，总会千方百计地不让别人触碰。不但对实物如此，你对人、对感情也抱着同样的态度。其实，不断地占有并不会增加你的安全感，相反，它只会使你更害怕失去你所拥有的。

3. 喜欢给每个钥匙都冠以不同颜色的塑胶套的人

你的目的大概是想帮助自己分辨它们。因此，你是一种吹毛求疵、不容许自己犯错、不喜欢做出新尝试、凡事追求完美的人。你对自己和对别人都有极高的要求。当你达不到既定的目标时，会陷入深深的自责，为自己背上很重的内疚感，不肯轻易放过自己，所以你经常感到不开心。对待家人，你常常会忽略他们的感受，以己利为他利，总是把自己的观点强加于人，不断鞭策自己和身边的人，达到你所设定的目标。

4. 喜欢把一大串的钥匙全部扣在裤袢处的人

当你走起路来就会不断地发出金属击碰的声音，似乎在向人昭示着你日理万机，干劲十足，人生丰富而充实。你的性格属外向型，喜欢结交朋友，也乐于助人，很少待在家里。对你来说，外界的吸引力实在太大了，物极必反，这样会减少你对子女的关爱，让他们有时候觉得自己好像生活在单亲家庭中。对于事业，你是百分之一百的投入，你认为一个人必须拥有成功的事业，才能肯定自己的存在价值。你没有兴趣去追求内存的修养，因此在一些人眼中，你是庸俗不堪的。

5. 喜欢用密码锁的人

一把钥匙也不要，满脑子是一组组去开启不同的锁的号码。你缺乏安全感，对谁都不信任，因为你觉得每个人都有性格上的瑕疵。因此你事必躬亲，只相信自己。你对人缺乏信任，往往在自己身上加了许多无形的枷锁。

从带手机的习惯看透心理

1. 喜欢把手机放于上衣口袋的男人

他习惯将手机放在胸前，如衬衫上衣口袋、西装的内侧口袋，这种类型的男人成熟稳重，做事思维清晰，有条不紊，脚踏实地，在生活中他会尽一切努力让一切事物朝着他自己所预定的目标前进，是那种值得让女性终生依赖的男人。

在爱情方面，表面上，他不一定拥有两性关系的主导权，但实际上，他正有条不紊地让爱情沿着他所制定的模式发展。对他来说，爱情与面包是同样重要的。

在工作方面，他凭借自己的远见卓识，将会有很不错的发展前景。在性情方面，他特别注重自己形象的塑造，有时甚至会达到让人感到挑剔的地步。

2. 喜欢把手机悬挂于腰间的男人

很多男人会习惯将手机挂在腰带上，有两方面的可能，第一种可能是手机太大，没有其他合适的地方放置；第二种就是他喜欢用这种方式携带手机。其中包括两种情形，一种是他通常把手机挂在腰带的前方，这种男人对生活中的所有事物，都有一套自己独特的想法和做法，对生活的态度坦率而真诚；另一种是把手机挂在腰带后方，这种男人，在任何方面都表现得很有创意，只是可能做任何事时都会有所保留，不将事情完全说清楚，因为这是他的习惯也是他的乐趣。

在爱情方面，无论哪一种类型的男人，他对爱情的态度都是积极主动的，表达的方式或许因人而异，但是他绝对不会放过对你表达爱意的任何一个机会。

在工作方面，"赚钱养家是男人的责任"，对他来说更是天经地义的事情。所以他会很努力地工作，甚至达到忘我的地步，即使如此，他不但不感觉累还以此为快乐！

在性情方面，他的身上能够充分地体现出男人的粗犷、豪放，在女人看来可能会感到有些粗糙，但这或许正是他的魅力所在。

3. 喜欢把手机握在手中的男人

习惯将手机一直拿在手上的男人，他对生活有极高的热情，不到非休息不可的最后一分钟，这种类型的男人是不会上床休息的，你可能会发现他喜欢睡在浴缸里或躺在客厅的电视机前。

他对伴侣的期待，是希望她有如战场上的战友，能够与他一起对抗困难险阻。不过他对情绪的敏感程度是很有限的，如果你真心爱他，就必须先调整好自己对两性关系的期待，因为爱情对他来说极其重要。

在工作方面，他始终都会以饱满的精神、充沛的精力从容地面对一切，如果是从事社会交往较频繁、活动量大的工作，他将会有很不错的发展前景，而这对于他来说会有如鱼得水的快乐，因为他总是喜欢挑战，喜欢刺激，不甘心平庸安稳的生活。

在性情方面，由于他的任性，可能会有些玩世不恭，不妨多和他交流一下，让他学会承担起应该承担的责任。

4. 喜欢把手机放在背包或者公文包里的男人

这样的男人做事一定深思熟虑、胸有成竹，对自我的要求很高，自尊心很强，举止优雅有风度，对人亲和却很少采取主动。

在爱情方面，他对伴侣的要求非常严格，除了喜欢你、爱你之外，在他眼里，最好你还是个各方面都很优秀的女性。性格使他对爱情常常会有失落感，世界上的任何人都不可能是十全十美的。如果这种男人是你的伴侣，一定要与之沟通，让他知道你很珍惜这份感情。

在工作方面，他是天生受上天恩宠的人，有着无穷潜力，只要抓住一次成功的机会，就有可能平步青云。但因为他太突出，往往会招来一些嫉贤之人的诽谤，所以请他多留心自己的处世方式。

在性情方面，他是一个完美主义者，过分的苛求可能会给你带来压力，多鼓励他学会释放，做一个懂得享受生活的人。

5. 喜欢把手机放于后裤袋的人

习惯将手机放在牛仔裤或西裤后裤袋的男人，表面上待人温和、友善，却带着强烈的戒备心。他有着一些不希望别人知道的心里小秘密，对越疏远的朋友表现反而越亲密，越接近他的身边，却发觉他越疏远。

在爱情方面，他会令你感到若即若离、忽远忽近的。如果你表现得过于沉迷，他就会迅速地做出反应，拉大他与你之间的距离，尤其是当你深陷其中不能自拔时，请务必小心经营你们的爱情，让他时刻感到自己是自由的。

在工作方面，他对自己的前途抱着很多的理想和抱负，但是常陷在思考的泥沼里，既想获得成功，又不愿多付出，做事缺少耐心。

在性情方面，他的情绪起伏很大，容易多愁善感，大多是由心里不为人知的小秘密造成的，这种人需要经常被人给予关心和鼓励。

6. 经常忘带手机的男人

属于那种乐天派的人，是那种俗称"没心没肺"的男人。这种男人性格外向，为人和蔼可亲，喜欢广交朋友。像这种经常忘带手机的习惯可以暗示出他并不十分了解自己的生活目标，经常给人迷糊的感觉。

在爱情方面，表面看上去马马虎虎，但对爱的概念、含义却是相当清楚的，是典型的嘴花心不花的可爱男人。

在工作方面，虽然老板常找不到他，却因为他对工作和对人的热情，在职场也会很出色。

在性情方面，"大智若愚"将会在这种男人身上表现得淋漓尽致，有些时候，在他身上体现出来的缺点可能也是他的优点。

从佩戴戒指的方式看透心理

以女子来说，装饰在其身上的许多饰物并不仅仅是装饰的功用。这些装饰品有些用来强调身上的某个部位或是心中向往的事物。在众多饰物中，以戒指为女性最重要的饰品。

从心理学上分析，可从女子戒指的戴法，来看出她的心理状态。可以说，戒指虽小，却是我们观察女性性格特征的一项重要依据。

1. 戴在右手大拇指

这类女性性格中充满自信、骄傲、不服人的成分。她们往往自以为是，认为自己永远是对的，不需要听从或听信任何人，无论做错什么都满不在乎。

2. 戴在右手中指

把戒指戴在右手中指的女性通常都是理想主义者。凡事都有一番独到的见解。她们多是工作狂，很少会在乎品位情调。这类女性心中充满了强烈的责任感和使命感，有充足的耐心完成所有工作，即使做义工或为理想去做没有收入的工作也一样会竭尽所能。

3. 戴在右手食指

习惯把戒指戴在右手食指的女性，很擅长与人竞争或夺取某些东西。这种性格特质使她们在事业上往往有超乎常人的表现。她们不太计较别人的批评或感受，常常为了达到目的或想要得到的东西而不择手段。

4. 戴在右手无名指

将戒指戴在右手无名指的女性好像总是有做不完的工作，说不完的话题，她们在不断的付出与取得中忙得不亦乐乎，享受着无尽的快乐。但她们常常有许多挫折感，人际交往过程中出现的问题常使她们有不知所措的慌乱。她们不知道自己该做什么样的人才是最理想的，对自己的前途和未来也常感渺茫。

5. 戴在右手小指

总是将戒指戴在右手小指上的女性个性善良温和，充满了友情和博爱。她们喜欢带有神秘色彩的东西，研究易经或命理，也喜欢看相和星座。生性随和的她们喜欢赞同别人，不喜欢反对别人，比较适合小家庭和小团体生活，不适合大家庭或大团体里的复杂人际关系。但事实上，坚强的她们也并不是完全没有主见的人。

6. 戴在左手大拇指

习惯把戒指戴在左手大拇指的女性性格刚强，处事英明果敢。追求荣誉的她们常常需要很多人的拥护和爱戴。她们不计较仇敌与朋友，可以说只要赞同和支持自己的人都是好人。心肠刚硬的她们从不会把感情付出给别人。但她们会让别人分享自己的成就，也总是会济人于危难，真心帮助别人。

7. 戴在左手食指

习惯将戒指戴在左手食指的女性工作认真勤奋，对有兴趣的工作从来不在乎花多少心血去完成它。她们有喜新厌旧的性格，很喜欢淘汰没有用处的废物，因为她们要永远表现得很有效率。最受其青睐的不是华而不实的时髦打扮，而是拥有出色品质、坚固耐用、持久性强，含蓄内敛且具有高雅品位的品牌货。

8. 戴在左手中指

把戒指戴在左手中指的女性非常重视自己的仪容，她们自尊心很强，不仅衣着高雅、仪态万方，态度也非常谦和友善。她们很重朋友和情义，常为朋友辛苦付出也不在乎。生性开朗乐观的她们是朋友中的中心人物，总是很受人尊敬和爱慕。

9. 戴在左手无名指

把戒指戴在左手无名指的女性是家居型的人物。她们渴望拥有一个安稳的家庭，幸福的家人，大家同心合力在一起生活，每一个人都能有自己的基本责任和义务，每个人都为这个家来努力。她们贤能安定的个性，总能使经济、事业与家庭都能稳定中求进步且相互促进。

10. 戴在左手小指

把戒指戴在左手小指的女性胆识与见闻广博，总是有着与众不同表现的她们常赢得别人的景仰与信赖。她们志向高远，渴望获得巨大成功，为此她们经常寻找自己的天分，不断地努力奋斗。

11. 同时戴好几个戒指

每一根手指上都戴一只戒指的女性追求的只是华丽耀眼的外表。她们的人生总是深受物质、精神和美学等动机所左右，她们的思想价值和人生都已经迷失了。到头来，戒指给她们所带来的只是一座华丽的、囚禁住自己人生的城堡。

12. 不戴戒指

不戴戒指的女性充满了自信，崇尚自然和洒脱。她们认为自己平时的言行和以往的战绩已经足以奠定自己在别人心目中的地位，因此一切修饰都是多余的。她们凡事都有自己的主张，不喜欢像别人一样受拘束。她们希望在闲暇时能够在行为上和精神上都得到彻底的放松，不受任何人打扰。这种类型的女性不喜欢变化太多的生活或去追求太高太远的目标，而是希望自由自在地过一生。总之，只要自己开心就好。另外，在一些国家的习俗中，不戴戒指也是女子云英未嫁的标志。不戴戒指的手仿佛在说："我现在名花无主，你可以追求我。"

从处理钱币的习惯看透心理

心理学家为了试验不同人在处理路遇遗"钱"的问题上有何不同，特别在马路上放置了一张大钞，果然发现不特定的两个人——美国人和英国人，各有其不同的处理方法：

英国人看到这张大钞，蹲下来拾起钞票，看了一眼以后，好像已经确定这一张大钞不是自己遗失的，又把钞票放回原来被遗弃的地上，好像没有发生任何事情地继续走路。

美国人发现这张钞票，非常自然地捡起来放进自己的口袋，好像熟知"微罪不举"的法律意义，就好像是捡起了自己掉在地上的钱一样，既不做作，也没有一丝不好意思或紧张，就好像根本没事一样。

这个杜撰出来的故事，故意以此来比喻人性，美国人捡钱的举止，代表"心胸坦荡，敢作敢为"之类型，英国人捡钱的举止，代表"人皆好奇，不贪非分之财"之类型。

像这种捡拾钞票的心理状态，虽然可以列为行为语言来加以统计研究，但由于问卷调查之困难，所以心理学家改变研究方法，认为可以从一个人处理自己所拥有的金钱的方式来观察判断此人的性格。

1. 喜欢存零钱的人

这种人大多温文有礼，感情丰富，而且念旧，大多"受人点滴，当涌泉相报"。一旦对于某人产生好感而付出感情以后，很难收回和改变感情。这是这种人的优点，也是他们的致命弱点。

2. 喜欢将钱币码放整齐的人

这种人喜欢将大钞放在皮包或钱包里，然后再依序逐步放小钞至零钱。每当要用钱时，掏起钱来相当方便。

由小观大，这种人一丝不苟，有处理事务及计划的头脑。办事效率甚高，喜欢计划时间及金钱。在言行上有分寸，即使与女性相处，也常常精打细算。

喜欢把钱分放在几个口袋的男性，其性格近于这种人，但他们有小气保守的毛病，还好的就是比较懂得变通，为人处世还不至于一板一眼，认真到底。

3. 喜欢将钱乱丢的人

在这种人的家里，到处都会有一大堆的零钱，甚至钞票也随手乱放。

这种人相当聪明，且具有丰富的想象力，但缺乏心机，甚至有些粗心大意，然而他们会全神贯注地思考问题或想心事，心直口快而会在无心中得罪人。

4. 身上喜欢带着一大沓现金的人

这种人热情好友，性喜合群，为人慷慨而喜欢自我表现及夸耀个人的成就。因此他们好交际，结交朋友甚多，每回和朋友一起吃饭时总是抢着付钱，特别重视友谊，而得广泛朋友的帮助，所以大多有极佳的财运，但是由于情感丰富而易遭人利用。

5. 喜欢把钞票捏在手上的人

这种人生性勤俭，将钱看得很重，凡事都会事先精打细算，在考虑周详以后才决定去做。

这种人刻苦耐劳，不太注重物质生活享受，但是却极具责任心，能为家庭、事业付出，一般较节俭小气，对于应该用的钱，又会不惜借贷。

6. 喜欢炫耀钱财的人

这种人喜欢炫耀身上的金钱，只要口袋中还有百元大钞，即使是买一二十元的东西，也要拿出百元大钞来找零。只要口袋还有五十元大钞，一样不会等到身上没有小钞才用，他们这样做的目的只是炫耀有钱而已。

这种人大多出身于富家，赚钱容易，处处都表现出优越感，毫不吝惜地将钱花在奢侈品及衣饰上，懂得花钱及享受，并以此为快乐满足。

如果衣饰普通而如此炫耀钱财的人，则表示其人心理自卑而自尊心强。

7. 喜欢将钱折成小方块的人

这种人聪明且富有幽默感，喜欢从事一些需要动脑筋的行业，喜欢追求新知识，并且以此为人生之奋斗目标及生活享受，但他们生性比较保守。

8. 喜欢使用老旧式钱包的人

所谓老旧式钱包，是指钱包里面有几种不同格子，可以分别放置大小钞票及零钱一类的钱包。

这种人心地仁慈而乐于助人，待人亲切，随和念旧，同时信仰传统的美德，为人细心，喜欢整洁，做起事来有条不紊，善于经营管理，是个绝佳的企管商业人才。

第六章
工作中的行为心理学

　　一个人工作中的习惯性行为，能够表达出他的所思所想及性格特征，那些经验丰富的识人高手往往能够通过这些识别人心。所以说，行走职场，一个人在工作中的行为特征就是最好的心理说明书。

从办公桌看透心理

办公桌是每个上班族都有的办公设备。一张张或廉价、或昂贵、或普通、或高档的桌子其实都能显现出其主人的本来面目。

1. 桌面和抽屉都整整齐齐

办公桌的桌面上和抽屉里都是整整齐齐的，所有的文件都按照一定的次序和规则码好。整齐而又干净，让人看起来有一种相当舒服的感觉。这表现办公桌的主人办事效率很高，态度非常认真。这类人的生活也很有规律，对于要做的事情，总会在事先拟订一个计划，然后按计划执行。他们很懂得珍惜时间，能够精打细算地用不同的时间来做更有意义的事情，而不是浪费掉。他们大多有一个很高的理想和追求，并且一直在为此而努力。这样的人虽然可以依照计划做事，把属于自己的工作做得很好，但是有一点墨守成规，缺乏冒险精神，所以不会有大的开拓和创新。应变能力比较差的他们对于一些出乎意料的事情常常会不知所措。这种人个性非常正直、认真，又很顽固，他们很重视社会规范，因此跟人的交往常常会受限，只会跟少数人较亲近。

2. 桌面整洁干净但抽屉一团混乱

只有桌面上收拾得很干净、很整洁，但打开抽屉却发现里面一团混乱、乱七八糟，这样的人通常只看重表面现象。他们虽然有足够的智慧，但往往不能脚踏实地地做事，喜欢要一些小聪明，敷衍了事，不会深入思考。他们的性格大多外向开放、散漫懒惰，情绪变化极快，为人处世并不是十分可靠。他们的"花心"为他们带来了比较不错的人际关系，但实际上，却没有几个人是可以真正交心的。他们在获得其他方面满足的同时却常常怀有一颗孤独寂寞的心。

3. 桌面和抽屉都乱七八糟

抽屉和桌面全都乱七八糟，每次都要花很多时间去找需要用到的东西的人是粗线条类型的代表。他们待人相当热情，性格也很随和，做事通常只凭自己的喜好和一时的冲动。三分钟热情过后，可能就会自然而然地放弃。他们的逻辑思辨能力很差，缺乏深谋远虑的智慧，不会把事情考虑得太周密，也没有什么长远的计划。在工作上也是想到哪儿就做到哪儿，时常犯错，而且不会从中得到什么经验教训，以致"错上加错"。他们的生活态度积极乐观，经常是马马虎虎，得过且过，缺乏自我约束力。不过他们的适应能力较一般人要强一些。不拘小节、大大咧咧的性格使他们颇受大家喜爱。

4. 各种资料四处乱放

各种文件资料虽然都在桌子上，但摆放没有一点规则，总是这里放一些，那里也放一些，不分轻重缓急，这样的人大多做起事来虎头蛇尾、迷迷糊糊。他们的注意力常被一些与工作无关的事情分散，从而无法集中精神来完成工作，做出优异的成绩。他们也想改变自己目前的这种状况，但是自我约束能力很差，总是向自我妥协，紧接着又会找各种理由来安慰自己，过后又后悔不迭。可以说，他们的人生就是在"自我埋怨"与"自我原谅"中反复着。

5. 放东西的位置常常更换

在我们的日常生活中还有另外一种人：我们每次看他的桌子都有不同的摆设，可谓变化无穷。其实，从好的方面来讲，这样的人是上进心很强的人，他们懂得在做错时调整自己的方法，不断地修正脚步，向前迈进。但从另一方面来说，一看到别的方法就"喜新厌旧"的人喜欢改变，做事不能持之以恒。他们性子很急，对于很多事都会毫无理由地焦虑不安，以至于对行为细节方面的事，甚至非常重要的事都会无法集中注意力。

6. 桌上摆放有纪念意义的物品

习惯在桌子上、抽屉里放一些具有纪念意义的物品的人多是比较内向的。他们有一些怀旧情结，总是希望珍藏一些美好的回忆。他们不太善于交际，所以朋友不多，但仅有的几个却是非常要好的。他们很看重和这些人的感情，所以会分外珍惜。但他们比较脆弱，心理承受能力差，容易受到伤害，而且做事也缺少足够的恒心和毅力，常常会在挫折和困难面前畏首畏尾甚至不战而退。

7. 桌上放很多跟工作无关的东西

在桌上放些布偶、照片、有趣的小东西的人是非常有个性的人。他们拥有独特的美感与创意，但太强的个性使他们比较缺乏协调性。其实，如果将两者结合起来的话，他们的协调性就会增强，他们也会成为很懂得变化的人。他们对任何事都是喜好分明的，所以别人对他们的评价也趋于两极。不过对于这一点，他们本人通常并不是很在意。

8. 下班时将桌子整理得干干净净

这类人是心情转换很清楚明快的人。他们对于什么事看得都很淡泊，同时又很懂得如何面对周围环境，快速整理、早点脱离"工作情绪"，快点进入"私人的情绪"的念头是很强烈的。他们很在意别人的眼光，不太容易对别人说出他们心中真正的想法，非常讨厌别人指出他们不留意的地方、错误以及觉得丢脸的事，有时甚至为此和别人翻脸。

9. 下班时把工作做到一半就这样放着

他们是讨厌整理并且引以为苦的人，是将许多必须整理的东西就这样放着，而且也不会有任何感觉的人。其实那种完全不整理、工作做到一半就这样搁着，心想明天来就可以马上接着继续工作的人是很深谋远虑的。他们从不在乎外界的眼光，而是我行我素，依照自己的方法去做事。

10. 只是大略整理一下

认为不能不整理而稍作整理，然后就放着不管的人，具有半途而废的性格。他们刚开始时对什么事都很有干劲，到后来就开始放任自己，不再做下去。他们很在意别人的眼光，也会依照别人的意思去行事，能够与人维持很不错的关系。不过因为做事不彻底，他们很难敞开心胸跟人交往。

从名片行为细节看透心理

名片是一个人的"第二张脸"，是一个人身份与地位的证明，通过名片能一目了然地了解到对方的工作和职位。但是，仅仅看名片上的这些内容，我们是无法洞悉其人品性如何的。因此，我们要想通过名片看一个人的性格与心理，还必须注意名片的其他行为细节方面。

1. 喜欢在名片上印粗体字的人

喜欢在名片上印粗体大字的人，多半是政治家、医生、大企业家、公司经理等。

名片用粗体字是为了强调自我意识，这种人个性强硬，功名心非常强烈。这类人虽然相当任性，但是颇有绅士的气度。他们当中有很多人表面看起来很难接近，然而我们越接近他们，对他们了解越多的话，就会发现他们也有人情味的一面。

一旦被他们喜欢，他们会全心全意帮助你；如果被他们嫌弃，他们则理都懒得理你。

这种人善于辞令，懂得把握分寸，但他们经常被以前受自己照顾的人背叛。另外，名片上虽印有粗体大字，但没有印头衔的人，具有特殊的独创性，不喜欢被人驱使，也不喜欢去驱使别人。

2. 喜欢在名片上印绰号和别名的人

在名片上印有绰号和别名的人，其叛逆心理大多十分强烈，做事常难以与他人合拍。他们为人处世一般都比较小心和谨慎，但有些神经质，常常会有一些无端的猜疑，猜疑别人的同时还会怀疑自己。这使得他们很容易产生自卑感，在遇到挫折和困难的时候，缺乏足够的信心，总是想妥协退让。此外，他们没有太多的责任心，总是想方设法地来逃避自己该负的责任。

3. 喜欢在名片上附家庭地址和电话号码的人

喜欢在名片上附自己家里的住址和电话号码的人，大多具有较强的责任感。附上地址和号码，这样，即使他们不在办公室，对方也可以找到家里来，把事情解决。而有许多人为了逃避工作上的麻烦，则拒绝告诉他人自家的地址和电话。

从工作态度看透心理

人们在自然而然中都会将自己的性格特征表现在对工作的态度上，所以若想认识和了解一个人的性格，可以从他对工作的态度上进行观察。

一般来说，外向型的人大多勇于承担责任。在工作中，没有机会的时候会积极地寻找机会、创造机会，有机会的时候会牢牢地把握住机会，他们大多很容易获得成功。

内向型的人在面对工作的时候，首先想到的是自己该负担的责任、后果等问题，总是担心失败了会怎样，所以时常会表现出犹豫不决的神态。因为顾虑的东西实在太多，行动起来就会瞻前顾后、畏首畏尾，最后往往会以失败而告终。

工作失败了，不断地找一些客观的理由和借口为自己开脱，以设法推卸和逃避责任，这种人多半是自私而又爱慕虚荣的，他们常常以自我为中心。

工作上一出现问题，就责怪自己，把责任全部揽到自己身上，这样的人大多胆小。

失败以后能够实事求是地坦然面对，并且能够仔细、认真地分析失败的原因，进行归纳和总结，争取在以后的工作中不犯类似的错误，这样的人大多是真正成熟的人。他们为人处世比较沉着和稳定，具有一定的进取心，经过自己的努力，多半会取得成功。

工作比较顺利，就非常高兴，但稍有挫折，便灰心丧气，甚至是一蹶不振，这种人大多是性格脆弱、意志不坚强的类型。

从会议的风格中看透心理

一个人如若做点事情，无论是工作还是学习，他都会有参加或是出席某一会议的机会。在会议中如若担任主角——负责主持。那么怎样才能取得最后的成功呢？这与主持者对场面的控制能力以及他的主持风格有很大的关系。通过这两个方面也能观察出一个人的性格。

在主持会议时，采用独裁方式的人，大多是具有一定身份、地位和能力的人，并且他们很看重自己目前所拥有的一切。

他们大多有较强的自信心和意志力，在很多时候能够做到心里有数，遇事也有泰然自若的魅力。但通常，他们又比较固执，不会轻易接受他人的意见和看法。

在主持会议时，把所有的与会者都当成自己的学生，唯恐他们听不明白自己在讲些什么，一而再再而三地为之讲解，甚至达到浑然忘我的境界。这一类型的人大多属于专家级的人物，在某一学术科研领域非常精通，具有一定的权威意识。

他们在为人处世等方面往往表现得心高气傲，不拘于世俗，除了自己的专业之外，对其他的事情，他们总是显得很漠然。

在会议中占用大半的时间以表现自己，诉说自己的种种成就或是一些意见和看法，这一类型的人，大多是一些能够赢得领导依赖的红人，他们常常以自己所处的特殊位置而感觉自豪，并且还时常目中无人。这种人，头脑多比较灵活，随机应变能力比较强，但缺乏责任心，在事故面前，总会想方设法为自己辩解，以逃脱责任。

在主持会议时，只负责把上级的命令传达给下级，把下级的意见反映到上级那里，这一类型的人多比较圆滑和世故。他们只要在条件允许的情况下，绝对不会轻易得罪谁；他们乐于当好好先生，虽然自己把许多事情看得都很透，但嘴上却不会轻易说什么。

主持会议时的表现温文有礼，而又非常谦虚，这样的人大多是有一定发展前途的。他们在会议上的表现还算自然，可以畅所欲言，提出自己的意见和建议，可是由于他们显得非常理智，缺少感情色彩，从而会减弱自身的魅力，所以给人留下的印象也会相对淡一些。

从谈判状态看透心理

谈判不仅仅是有声语言的沟通，它还可以通过眼神、手及姿势等传达出更丰富、更有价值的信息。在谈判过程中，如果你更多地注意对手的非语言沟通——身体语言所传达的有用信息，这可能会更有助于你获得谈判的成功。在谈判过程中，你的对手可能会出现下列一些行为：

1. 抽烟斗者

抽烟斗者通常运用烟斗作为谈判的支持物。制衡这类谈判对手的策略是，不要急于吸引抽烟斗者的注意。当抽烟斗者伸手取火柴点烟时，这意味着他正在沉思，你应停止谈话的线索。等他点好烟开始吞云吐雾时，再继续你们的谈话主题，不过你还要尽量以很巧妙的方式让他摆脱烟斗，这对你是有利的。最容易的方法是注视烟斗。所有烟斗终究会熄灭的，必须暂时放在烟灰缸或烟斗架上，在对方有重新拿起烟斗的冲动之前，给他一些能够吸引他的东西，如一份报告、一份数据或一本小册子。

2. 擦眼镜者

你的谈判对手摘下他的眼镜，开始擦拭时，这是适当停止的线索。因为擦拭眼镜是擦拭者正在仔细考虑某一争论焦点的暗示。所以，当擦拭开始时，不要再施加压力，让你的对手有足够的时间考虑，等他把眼镜挂上鼻梁时，再继续谈判。

3. 松懈的对手

在谈判过程中，有些人不能好好坐直，眼神中流露出迷茫，给人一种垂头丧气的感觉。不过身体上松懈并不意味着精神松懈，所以你不要怀疑他此时此刻的谈判状态，从而放松警惕，你应该尽量让谈判气氛变得紧张、严肃起来，最好的方法是用眼神的接触。你要谈判另一要点时，运用眼神接触并确定你的对手是否同意，不管是如何松懈的人，几乎都会对眼神接触有所反应。

4. 紧张的人

一般第一次参加谈判的人大都有这种症状，他在心理上排斥面对面的谈判方式，很明显的特征是神经紧张、焦躁不安，甚至身子僵直。他的谈判措辞也过于僵硬、不自然。此时你能做的是放松对手的心情，让他有宾至如归的感觉，慌张不安只会给谈判造成障碍。不妨换位思考一下，他身处异地，可能会有一种放不开的感觉。你尽量把谈判场地布置得舒适一些，同时让气氛也变得轻松一些，你可以松解领带，卷起袖子，暗示一切都很轻松舒适。如果你让这种紧张的气氛持续下去，一不小心，自己有可能受他感染，也紧张起来，这样会令谈判双方都心存芥蒂，不利于谈判的进行。千万不要让这种事发生。记住，没人想紧张、焦躁，每个人都想拥有舒适愉快的感觉，所以如果你能消除对手的紧张不安，他会觉得好一点，对你心怀感激，这有助于谈判的成功。

5. 频繁用手摸头的人

如果你的谈判对手总是在用手摸头，这就表明了他正在思考某些问题。因为大多数人在绞尽脑汁、欲理出头绪时常常用手去摸头。不过，由于各种情况的不同，有时是敲敲头，有时则搔搔头，也有时抓抓头发，或者以手掌揉太阳穴，等等。此时如果他的手部动作突然加快起来，说明他加快了思考的速度，手的速度与思考速度成正比。当新观点浮现的时候，摸头的频率往往也会随之加快。

6. 膝盖发抖者

与膝盖发抖者商谈，常会分散你的注意力，不过也有立刻呈现目标的好处；你必须让对方的膝盖停止发抖。如果你不这么做，谈判不会有任何进展。使膝盖发抖者停止发抖的方法是：让他站起来，去吃顿午饭、喝点饮料或散散步提提神。因为你知道现在你的对手坐着的时候会膝盖颤抖，所以你必须在散步、走路时完成交易。

7. 注意紧张信号

直觉不是什么神秘的事物，它仅意味着一位有直觉的人有极大的耐心观察行为细节和行为的细微差异。关心你的对手，注意他的行为举止，如果事情进展不顺的话要有所警觉。任何迟疑、迟钝都可说是谈判失败的直接原因。如果真是谈判所谈问题造成的，对此障碍须采取必要的对策，试着以其他方式、角度来阐述你的论点。不过你的对手的反应，也可能因为其他因素而改变。如果你的个性很强，那么可能你的对手因此而感觉不舒适，对你们正在讨论的所有问题变得极端敏感。注意咳嗽、弹指、转笔以及其他不耐烦和紧张的信号，只有克服这些消极举动，谈判才能顺利进行。

由此可见，在进行任何谈判时轻松地商议才是最理想的，不过事实上你不可能真正轻松。你必须时时刻刻观察你的对手，并不断地思考如何影响对方接受你的看法。不论你的对手是否由言语或揉弄头发向你传达信息，你必须对此信息做适当的反应，以保证谈判朝着有利于你的方向进行。

从笔迹看透心理

一般而言，人的稳定型行为，比如言谈举止、处理问题的方式等，都表现出人的个性特征。就像每个人的说话方式不同一样，我们每个人的笔迹也不相同。美国心理学家爱维认为：手写实际是大脑在写，从笔尖流出的实际上是人的潜意识。人的手臂复杂多样的书写动作，是人的心理品质的外部行为表现。正所谓"字如其人、识人不如相字"，通过对笔迹的观察，亦可以达到了解对方的性格和心理特征的目的。

笔迹心理学家徐庆元曾经做过这样一场演示：

一位女学员在黑板上写了"红军不怕远征难，万水千山只等闲"两行大字和几个阿拉伯数字。徐庆元观察片刻后说，她的书写速度快，线条流畅，笔触重，这三者是和谐统一的，可以看出这个人快人快语，单纯而不复杂，即便是坏事，也能用积极的心态去看；喜欢直言，批评人比较严，属于刀子嘴，菩萨心；她经历过生活的磨难，像男性般独立；也能包容，有热心，爱帮忙，有慈悲心；她喜欢亲自动手的工作、技师型的工作，比如医生；但她还有艺术方面的才能，可能要通过业余发展起来。最后，徐先生迟疑了一下，在黑板上写下"文学"两个字。

在场的人都感到十分惊讶，因为被徐庆元分析的这个人，正是作家毕淑敏。了解她的人都知道，她曾在西藏阿里当过军医。毕淑敏自己也说，徐先生的分析还是很准确的。

可见，笔迹与人的性格特征和心理状态确实有着千丝万缕的联系，若能正确认识这种联系，则能够很好地促进人际关系的和谐交流。

笔画轻重均匀适中者，说明书写者有自制力，性格稳重，对自己所喜欢的工作能竭尽全力去完成；反之，笔画不均匀的书写者多半是脾气暴躁、喜欢破坏、妒忌心强、喜欢背后做小动作的"阴谋家"。

笔画过重的人大多比较敏感，笔画过轻的人往往缺乏自信。

字行高低不平的书写者一般是机智或狡猾的人；字迹有棱有角则说明书写者是意志坚定、观点鲜明且不会改变立场的人，常常会与观点不同者辩论得面红耳赤；字迹圆滑者则是性格随和、办事老练，能一唱百和，善于搞公关工作。

凡是字的上部书写得干净利落，又能紧紧护住下面的书写者，大多有进取心，接受能力强，若培养得当则大有前途。

凡是字体丰润、笔画搭配匀称，书写速度又较快者大多是理解能力强、忠于职守的人；而在字的结构方面严谨、方正以及点、画都能体现力度者是个记忆力强、办事认真的人；字体方圆、长短、大小错落有致者，其适应性及变通能力强，适宜做交际及公关工作。

凡能模仿别人的笔迹又缺乏新意者，可靠性强，但又能独当一面；如果字迹书写得较小，运笔轻重适度，阿拉伯数字写得很美而签字却显得比较拘谨者，是个内藏心机，喜怒不外露且能沉着应付大事的人。

敢于打破常规，另辟蹊径，笔迹求异变形者，是富于冒险精神的人；字里行间起伏不平的书写者富于外交手段，善于发现别人的弱点；书写时越写越往上者是个乐观主义者，而越写越往下者则是个悲观主义者。

字体大小也是个性的一种表现，字体写得过大的人是举止随便、过于自信和做事比较草率的人，他们喜与人交往，有着极为丰富的社交经验，待人有礼貌，是个爱思考的人，而所呈现出来的气质，有时会出现急躁的倾向；字体写得过小则是有观察力和会精打细算的人，字迹过于紧凑则具有吝啬和善于盘算的性格，他们生性腼腆，不擅长社交，做事有理性，但缺少温暖，对于自己的事情很敏感，怕羞，与别人交往时表现得笨拙，常采取漠不关心的态度，在气质上是内向型的人。

总之，对人们的笔迹进行分析，可以帮助你尽快了解对方的性格特点，增进双方之间的了解和理解，使双方相处融洽。

第七章
借助行为心理学，挖掘事件真相

　　真相并不都是浮在水面上的，行为心理学的价值就在于能够帮助我们去挖掘表象背后的真相。就如同侦探探案一般，抽丝剥茧，一步步地把真相找出来。这是学习行为心理学的最大作用，也是掌握识人术的必经之路。

心理也有战术

心理战术是一种通过与他人的接触，总结出他的性格特点，而做出的有效应对策略。在不同的场合观察他的行为习惯，通过对他的全面了解，针对对方心理上的弱点，逐步攻破他的心理防线，达到自己的目标。

用现代的话讲，心理战术就是知道别人在想什么，将要做什么，再如何引诱其去怎么想，怎么做，从而获得谎言背后的真相。

很多人会强调，交朋友要真诚，这是不二的法门，是最简单，也是人们最高的愿望，任何摆弄心机的人，都会得不偿失。

但是，对方如果要玩弄心计，想掩饰事实真相，你用真诚去感动他，有时候也并不完全管用，并不是说真诚本身有什么问题，而是指作为交往的主体——人本身有一些独特的地方或许这可归咎为人性本身固有的一些弱点，使得我们在理解和感知方面，难免有失偏颇，而自己又不能够及时地醒悟，或者后来感悟到了，也可能为时已晚，这就需要我们巧妙智慧地运用一些有效的心理战术。

下面我们举一些例子，来阐述一系列心理战术。

1. 帮他分担责任

这个心理战术，提供给对方一个始料不及的诱饵，引诱他说出实话。你可告诉对方，他所做的是一件好事。在某个范围之内，这件事让你与他之间，得以建立良好的关系——不论是私人关系，还是工作关系。

暗示，你给了他一个机会，并解释何以做出那样的决定。同时，你也适当责怪自己的不妥之处。

比如，你可以这么说："我了解你这么做的原因。很显然，你肯定有一个很好的理由，否则，你是不会这么做的。你可能因为受到了不公正的待遇，或有什么地方让你觉得不周到。我要如何帮助你，才能让旧事不再重演呢？"

其实，这是一个假设性的问题，你假定了，对于他的所为，你下了一个正确的断言。当他开始向你诉说心中的不满与牢骚时，就等于在为他自己铺路，好为自己之前所犯下的不端行径辩护。

这时，你要不断地插话引导，对他说："对于你所做出的行为，我要负全部的责任。让我们来看看，以后要怎样，才能避免重蹈覆辙。我完全了解，你那么做是对的。"

你不是最糟的，还有人比你更糟。

这个心理攻势之所以奏效，是因为它迫使说谎者陷入一种情绪性的思考，而非逻辑性的思考。这个策略让说谎者认为，并非只有他做这种事，从而减低他心中的愧疚感和罪恶感。而你所渲染出来的一点愤怒或引人好奇的情境，也会让他出乎意料和不知所措。

此外，他会认为，你们俩是在交换信息，并不是只有他付出了，却没有得到任何的回报。

这时，你可以这么说："我之所以问你这些问题，是因为我以前也做过一些不够光彩的事情。我能理解你为什么那样做……就某个方面来说，我几乎感到如释重负。现在我不觉得自己有那么糟糕了。"

此时，他可能会问你究竟做了什么，但是你必须坚持，要他先说他的故事。这样坚持下去，他一定会和盘托出。

2. 其实你根本做不了

我们绝对不要低估"自尊心"所能发挥的力量。有时候，你要为自尊心打气。有时候，你要打击一下自尊心。

有些人的自尊心是如此脆弱，实在令人感到悲哀。但是，正因为这样，这个战术用在这些人身上，才特别管用，真的可以把他们惹得恼火。

一位警探，经常使用这个技巧，我们看看下面这个小例子。

他们逮捕了一个痛打两名流浪汉的男子，拿这名男子没辙，问不出什么结果来。过了一个半小时之后，警探想，应该让他走人了。我们没有任何证据可以拘留他，因为其中一名流浪汉，也已不知去向，另一名则吓得什么也不敢说。

于是，警探看着那个浑蛋，对他说："哦，我知道了，你很害怕尼可（一名毒品走私者），他会把你打得屁滚尿流，是不是？你不敢打官司，是因为尼可控制你，你只不过是他的一个小奴隶。"

那名嫌犯厉声咒骂，大声嚷着："没有人可以控制我！"他变得愤怒激昂起来，为了证明他不受控于任何人，于是，他做了他必须做的事：抬头挺胸地认罪。

遇到同类场景，可以这么说："我想我知道是怎么回事了。你不能自己做主告诉我。是因为某个人，在背后控制你，你一说，麻烦就大了。"

或是这么说："我想我知道是怎么回事了。如果你可以，就会告诉我实话的。但是，你不敢那么做，因为你什么都不能说，心里可能跟我一样很不舒服吧？"

3. 这只是一个意外

这是一个绝佳的心理战术，你让对方认为，让你知道事情的经过是一件很好的事。他的确做了一些错事，但你已经不在乎了。因为你表明，你所关注的是他做那件事的意图，而非行为本身和结果。对他来说，坦白自己的所作所为比较容易，因为他可以把它解释为出事的偶然，并非他本人故意的。你让他觉得，你在乎的是他的动机。换句话说，你让他明白，你所关心的并不是他做了什么，而是他为什么要去做那件事。

你可以这么说："我了解你，你可能并非存心让事情发生。只是事情的发展失去了控制，而你也是想象不到的。没事的，我知道那是一个意外，但如果你是故意的，我是绝不会原谅你的。请你告诉我，你不是存心要那么做的，对吗？"

4. 你让我别无选择

这是一种"威胁恐吓"的战术。上面那些策略都是让对方感到较自在，从而揭露对方真实的自我，而这个策略，则增加一种紧张的情绪，让对方有点坐立不安。你让他察觉到，还有比他说谎更错综复杂、后果更严重的事，而这些事，他以前连想都不曾想过。现在，他不得不花大气力来解决这个问题。

在这个战术中，你提高了赌注，但还要看他的想象力。让他想象，你可能对他造成的伤害与损失。当恐惧开始在他的内心作祟时，他的心里，也就开始猜测起各种可能的情节。你为他制造了一个更大的难题，然后，再由你提供一个解决的方案。你必须让他明白，说谎的后果，比他想象的还要严重。

你可以这么说："我一点也不想这么做，但你让我别无选择。"

或是这么说："你知道我会做出什么事来，我也一定会去做。如果你现在不说，那就别说了。那我就去做我必须做的事。"

说完这番话后，可以密切注意他的反应。如果他把关注的焦点，集中在你即将对他采取的行动上，那就表示，他很有可能真的撒谎了。不过，如果他再次声明自己什么也没做，那么，他可能真的是无辜的。

以上的两种情况之所以发生，是因为心中有愧的人需要知道惩罚是什么之后，才决定是否松口。只有说了谎的人，才有认错或不认错的抉择。只有他们，才要必须做出决定。清白无辜的人，则没有什么决定可做，所以，也就没有什么需要考虑的，这就是问题的关键。

5. 站在他一边

如果你所面临的情况合适，这个战术将特别管用。有一个人在一所大规模的金融公司的人力资源部就职，他就十分欣赏这个策略。

他说，这是他筛除令人不愉快的求职者的最大法宝。

只要对方相信，你和他站在同一战线上，他就会很容易上钩。

而你所要做的，就是让他知道，不管他之前撒了什么谎，现在我们都可以一笔勾销。如果等到以后被其他人发现，可就为时已晚了。

比如：你认为一名应征者，在他的履历上作假。于是你说："我想好好帮你一把，因为我认为，你一定可以胜任这个工作。他们想要查证履历表上的一切，是否皆属实，即使是最微不足道的夸大，都可能会使你不予录用。所以，现在就让我们一起处理这件事。在你的履历表上，为了让所有的内容都确实无误，你还有什么需要修正的吗？"

你看出这个战术，是如何巧妙地让对方心甘情愿地说出真相了吗？你不仅要站在他那一边，而且要同心协力掩饰此事。

6. 未知的惩罚

对许多人而言，光是凭借事物本身或概念本身去理解，几乎是不可能的事。也就是说，当一个全新的情况发生时，我们会本能地把这个情况与我们熟悉的事物进行比照。如果这个全新的情况根本无从归类，那么，这个经验可能就显得非常骇人了。

你想要知道事实的真相，而且对说谎的惩罚一清二楚，对方也了解，认错的好处与坏处，那就让他从中做出权衡与抉择。但是，如果说谎的惩罚不够严厉，那么，想要获得真相就困难重重了。当这种情况发生时，你必须把"已知"的惩罚去掉，改用一种令他坐立难安的"未知"惩罚。

你可以向他解释，欺骗的后果，绝不是他所能料想的，借以获得想象的最大优势。即使他觉得你能对他采取的行动以及惩罚都相当有限，但是惩罚的严厉程度，也可以用两个主要的方法加以巧妙处理，这样让它显得严厉许多。

比如，你怀疑一个名叫迈克的员工有偷窃行为。你可以威胁要开除他，但是，他也可能在权衡轻重之后，决定三缄其口，打死也不说出真相。

那么，你就可以这么说："迈克，如果你让我知道你在说谎，我会让人把你的东西收拾干净，让保安把你'请'出去，连再见都不用说了。我会当众把你撵出去。再说，这个镇子很小，你要带着劣迹再去找工作，你也就全完了。"

说完这些之后，你再让他立刻和盘托出，并给他一个转调部门的机会，此事就算告一段落，彼此不再提起。

7. 我一点都不在意

人类天性的基本法则之一，就是人人都"觉得自己重要"。没有一个人希望，自己被认为是无足轻重的角色，也没有人希望，自己的建议无关紧要。

当一个人的看法受到忽略时，他就会去做很多事情来证明自己的重要性。如果他觉得你一点也不在乎他说谎，那么他就会想知道，你为什么如此漫不经心、不为所动。

"难道他早就料到我会这么做吗？还是他知道一些我所不知道的事情？对我的意见以及感受，他一点也不感兴趣吗？他在计划惩罚或报复吗？"

当你的内心情感显露于外时，就表示你很在乎。面对整个情况，如果你表现出漠不关心，将使他十分焦躁、气馁。他甚至开始渴望，获得任何形式的认可与接受。他需要知道，你在乎什么。如果想要他说出他所犯下的行径，是查出你是否在乎的唯一方法，他也许会照做。

那么，这时你就可以这么说："我知道，我就是不在乎。我不吃这套。"或是"我还有其他的事要花精力去想，或许，我们改天再谈。"或"你做你该做的，我都没关系。"

当你忽视对方的时候，通常不要做眼神的接触。但是，为了制造即时的冲击，最好直视对方。如果你盯着对方看，效果就更强烈了。一般在美国的文化中，盯视被视为贬低对方的意味。

因为通常我们只会盯视一些展示的物品，如笼中的动物。当我们盯视对方，他通常会觉得自己被看轻了，因而，试图重新坚持自己的价值。

以上的这些心理战术，应该都能发挥一些效用。希望你能从中学到一些技巧，得到生活中所希望的答案。

学会察言观色

察言观色，是人际关系中的一种基本技术。如果你不会察言观色，那就等于不知风向便去掌舵，人情通达无从说起，处理不当，还会在小小的风浪中翻船。

人的直觉虽然敏感，却很容易受到蒙蔽，懂得如何客观推理和判断，才是察言观色的最佳武器，也是人们追求的顶级技能。

一个人的言辞，能透露他的品格。眼神和表情，能窥测到他人的内心。坐姿、手势、衣着也会在不知不觉之中出卖它们的主人。言谈能告诉你，一个人的地位、性格、品质以及流露的内心情绪。

如果说，观色犹如察看天气，那么，看一个人的脸色，就蕴含着很深的学问，因为不是所有人在所有时间和场合，都会喜怒形于色，相反常常是"笑在脸上，哭在心里"。

下面我们一起来看看，察言观色都有什么最佳的方法。

1. 由表及里

人与人的相处，察言观色说到底，是对对方言谈举止、表情神态的微妙变化，及其含义进行准确捕捉和判断，是一个"由表及里"的过程。

性格定向和语言定位，是这个过程的第一步。性格定向，就是通过对他的表情、言语、举止的观察分析，掌握他的性格类型。比如，你可以甩出一两个对方敏感的问题，静观一下他的反应方式和激烈程度。

值得我们注意的是，这种观察一定要细致入微，千万不要因为对方看上去似乎毫无反应，就判断他是个傻瓜。正如看了悲剧，有人流泪，有人淡然，你不能说淡然的人，就没有被感动。

在摸透了对方的性格类型之后，你就可以设法捕捉，最能反映他思想活动的典型动作和典型部位，也就是"语言点的定位"。

眼、手、腿、脚、身体每一个部位的肌肉，都可能是"语言点"的所在。有些基本现象的含义，人人都基本了解，如腿的轻颤，是心情悠然的表现；双眉倒竖、双目圆睁，是愤怒的特征；而微蹙眉头、轻咬嘴唇，则是思索的含义。

此外，还应该特别注意对方的手，尽管很多人可以巧妙地掩饰许多东西。但愤怒时往往要握紧双拳或将纸、烟、铅笔之类的东西捏坏，甚至两手一直发颤；兴奋紧张时，双手揉搓，或者，简直不知道该把手放在什么地方才好；思索时，手指常下意识地在桌面、沙发扶手、大腿等地方，有节奏地轻敲，这是一个普遍的动作。

2. 捕捉"决定性瞬间"

任何一个人，对自己神情的掩饰，都不可能做到绝对的滴水不漏。

关键的问题是，你在对方错综复杂的神情变化中，能否准确判断哪一个变化是起决定性的。

对于机智的人来说，他们弥补失误的本领也是异常高超的，他不可能给你很长时间洞悉他的破绽，因此时机对你来说非常宝贵。至于究竟什么才是"决定性瞬间"的具体显现，怎样才能将其判明并抓住，那就要具体情况具体分析，凭借你的经验和感觉来定夺，它并无固定模式可循。

3. 主动出击去探察

察言观色，我们不要粗略地理解为，是一种被动式的冷眼旁观。事实上，它是一种主动进攻。采用一定的方式、手段，去激发对方的情绪，才是迅速、准确把握对方思想脉络的最佳武器。它包括以下几点：

（1）轻松漫谈

即在触及正题之前，漫无边际地谈些与主题无关的话，目的在于观察对方的兴趣、爱好、习惯和学识等情况，如果，对方正好感到无聊厌倦，那么你的漫谈还可起到放飞心绪的作用。

（2）激将法

用一连串的刺激性问题主动出击，使其兴奋，进而失去情绪的控制。你还可以做出一些傲慢、看不起对方的姿态，对他的自尊心造成一定的威胁，激发他的情绪。

（3）逆来顺受

当你还没有吃透对方的脾气时，可以表现出一副怯懦无能的样子，当他错误地以为你是不堪一击的对手时，他对自身的控制就会有所放松，这时，你就比较容易看出他的真实心态了。

（4）施投诱饵

你可以看似无意实则有心。用一些对对方具有吸引力的话题，判断出对方的心中所想，摸清对方的神情变化及心理活动表达出来的一些特点。

4. 深坐与浅坐的坐姿

在人际交往中，立姿是各种场合的一般状态。一般深坐的人，在精神上占有一定的优势，至少，他希望自己居高临下，是一种肯定的姿态。而浅坐的人，坐在位置上，显示出他的不安与犹豫，不够坚定，似乎有一种屈居劣势的状态。

浅坐的人，在无意识中，会表现出一种服从对方的心理来。当你在这种人面前，千万不要过分显示自己的强大与傲慢，因为他们的内心很容易产生一种不平衡，甚至会有反抗。

相反，你如果表现出对他友好与关心，他一定会在心里喜欢你接受你，愿意与你接近，这为拓展以后的关系奠定基础。

5. 谈话的主要内容

一言以蔽之，话题是多种多样的，倘若你想了解对方的性格与气质，最容易着手的步骤就是，观察他喜欢说的话题及本身的情况。

关于这一点，最有趣的莫过于日本电视台上的一个现场节目，专门提到谈话者本身关心的话题。节目活动将谈话者的上半身隐藏起来，摄影机只能从后面拍，这种做法不仅提高视听者的好奇与关心，而且能使表演者很露骨地谈到性的问题。

后来，创办这个节目的导播透露，以这种方式进行谈话，谈话者会很平静，他们显得更加坦然，毫无顾虑地倾诉他们的烦恼与痛苦。

对于志愿出演的人员，节目制作人说："大多数希望上台表演的人，差不多是一些心理危机比较严重的中年女性。当我们前往搜集材料时，对方都说得很干脆很坦白，大部分的人都会提到关于性生活方面的问题，还有的是长久以来积压在心中的各种生活行为细节，她们会愉快地畅谈很长的时间，有关长久以来的生活行为细节……"

此后，根据节目制作人员的介绍，这些中年女性，最喜欢谈论自己，因为在她们的心目中，自己才是值得欣赏的对象。她们都有一种错觉，都认为世界是以她们为中心而转动的。这是一种自我意识的充分表现，她们可以说是以自我为中心的任性者。

关于自我意识的问题，一般来说，女人比男人表现得更为强烈。从那档节目的内容和角度来看，那些演出者的表现，也以女性最为热烈，最容易激动。

她们开口闭口就会说："我的孩子……"总是以自己为中心，去谈论和展开一些话题，有些人，即使已经是成年人，但他们的话题，也仍把自己身边的大小事情当作唯一的内容，从这种人的谈话内容，我们就能够看得出，他们的心理性格是不成熟的。

6. 由穿戴洞悉对方

由他人的穿戴服饰，能够加深对一个人的了解。性格豪放热烈者，一般喜欢大红；如果经常穿橙黄色衣服的，一般是一个热情好客之人；如常穿绿色服装的，多是高雅平和之人，当然，其中也不乏颇为清高的人；而喜欢穿淡蓝色服装的，通常是逍遥洒脱者；要是总穿深灰色服装的人，在思想上较为保守，办事稳重沉着。

需要注意的是，以上所说的，只是一种倾向和趋势，因为有些人的衣服，并不一定是自己挑选的，可能出于工作的需要或场合的不同而迫不得已的选择。

通过服装的款式，我们也能够了解到许多信息。如果对方经常穿违反习俗的服装，那么，他们会有着较强的优越感和个性。

喜欢穿华美衣服的人，通常都有较强烈的自我展示欲和一种求美求全的心理；穿着朴实的人，性格较为顺从和善，做事情比较客观，可信赖。

倘若一个人完全沉溺于追求流行款式，那么他很有可能是一个情绪不够稳定的人，而且，做起事来可能缺乏主见。

通过一个人的佩饰，我们也能够得到一些认识对方的有益信息。比如，如果对方戴着一个低劣的戒指，但身上穿着华美的衣服，那么说明他很可能是个十分爱美的人，也可能是个爱慕虚荣的人。

倘若对方戴着名贵的戒指，而穿着比较朴素，那么，说明他是个有内涵，并且比较理性的人。

倘若一个女子背的背包小巧玲珑，这不仅说明她非常注重外表，同时，也表明她的生活比较闲适，不是很紧张，没有压力。如果挎包比较大，说明她的事情很多，生活紧张，也有可能是个家庭主妇。

如果打开一个男人的提包，里面层次分明，东西摆放得有条不紊，那么，说明他是个办事严谨的人。相反，如果里面的东西杂乱无章，他也许是个办事不容易厘清头绪的人，也可能是个醉心于追求事业的人。

从这些生活的实例中，我们得出结论，在与他人交谈的过程中，对方的谈话内容，我们能够通过察言观色去洞察其性格。

随机应变地去交流

善于观察对方的心理，了解对方的意图和心思，就能够达到更高的效率，也就是说，能辨风向，才会知道路向。

如果我们能在交际中察言观色，随机应变，这也是一种本领。比如，在访问中我们常常会遇到一些始料不及的情况。访问者应全神贯注地与被访者交谈，与此同时，也要应对一些来自被访者意料之外的信息，这需要访问者敏锐地感知，并机智恰当地处理。

假如，被访者一边跟你说话，眼睛一边往别处看，同时旁边有人在小声讲话，这表明，刚才你的来访打断了什么重要的事，被访者心里惦记着这件事，虽然他接待了你，但是却心不在焉。

这时最明智的方法是，你主动把话题打住，丢下一个最重要的请求，那就是及时起身告辞："您一定很忙。我就不打扰了，过一两天我再来听回音吧！"当你走了，被访者的心里肯定对你既有感激，也有内疚："因为自己的事，没好好接待人家。"这样，他也会努力完成你的托付，以此来回报的。

如果在交谈的过程中，突然响起门铃、电话铃，这时，你也应该主动中止交谈，请对方先接待来人，或接听电话，切莫听而不闻，滔滔不绝地说下去，使对方觉得左右为难。

当你再次访问，希望听到所托之事已经办妥的好消息时，却发现对方受托之后，尽管费了不少心机，但并没圆满完成，甚至进度还很慢。这时难免令人发急，可是你应该将到了嘴边的催促，化为感谢，要充分肯定对方为你做的努力，然后再告知你目前的处境以求得理解和同情。

这时，对方就会意识到，虽然费时费心，却还没有真正把问题解决，从而产生好人做到底的决心，进一步为你奔走。

在和上司打交道时，辨别风向尤为重要，为了办对事，办好事，一定要学会通过上司的行为洞悉其内心：

上司说话时不抬头，不看人，这是一种不良的征兆，有可能包含轻视的性质，认为此人无能或不值得重视。

上司友好且坦率地看着下属，或有时对下属眨眨眼，这说明，下属很有能力、很讨他喜欢，甚至错误也可以得到他的原谅。

上司的目光锐利，表情不变，似利剑要把下属看穿。这是一种权力、理智和优越感的显示，同时，也在向下属示意：你别想欺骗我，我一眼就能看透你的心思。

上司坐在椅子上，将身体往后靠，双手放到脑后，双肘向外撑开，毫无疑问这说明他此时想放松放松，但也有可能包含自负的意思。

上司的食指伸出，指向对方，这个动作体现的是一种赤裸裸的优越感和好斗心。

上司偶尔往上扫一眼，与下属的目光相遇后，又往下看，如果多次这样做，那么，可以肯定上司对这位下属还吃不准，摸不透。

上司拍拍下属的肩膀。这是对下属的一种承认和赏识，但只有从侧面拍，才表示真正承认和赏识。如果从正面，或上面拍，则表示轻视小看下属或在显示权力。

上司的手指并拢，双手勾成金字塔形状，指尖对着前方，这表示他将有话要说，定要驳回对方的意思。

上司向室内凝视着，不时微微点头。这是十分糟糕的信号，它表示上司要下属完全百分之百地服从他，不管下属说什么，想什么，他都不大理会。

上司从上往下看人，这是一种明显优越感的表现，说明他可能比较喜欢支配人、高傲自负。

上司久久地盯住下属看，这说明，他在等待更多的信息，他对你的印象，还不是很完整，有待你给他传递更多相关的内容。

上司双手合掌，从上往下压，身体起平衡作用，这表示他此时比较和缓，平静。

上司双手叉腰，肘弯向外撑，这是发命令者的一种传统肢体语言，往往是在涉及具体的权力问题时，所做的一种姿势。

上司把手握成拳头，这不仅是吓唬别人，也表示，要维护自己的建议和观点；如果用拳头敲桌子，那干脆就是企图不让对方说话。

上司的双手放在身后互握，这也是一种优越感的表现。

通过破绽获取信息

就像蜘蛛捕食，选择有昆虫的地方织网一样。我们也不能，毫无目的地观察一个人，要选好角度，那就是说，要把对方容易自然暴露马脚的地方，作为焦点，为按快门的瞬间做好准备。这是一种守株待兔式的方法，时刻等待对方自己露出破绽。

由于对方可能也很精明，所以这种方法一旦用于实践中，就不免有很多地方行不通。所以，下面我们要把被动的做法，再推进一步，适当地诱导对方，巧妙地把他引入我们的轨道上来。这是一种人为的使其暴露破绽的方法。

有这样一个例子：

有一天，一位中年女性强忍着心中激烈的愤怒，和一个比她年轻十几岁的女孩约会。这位女孩，是她丈夫公司的职员，也经常出入她家。最近，她听说，女孩和自己的丈夫之间关系暧昧。妇人心中自然十分气愤，但她表现得很冷静，并没有随便地吵闹，而是耐心地等待揭开事情真相的机会。

这个机会终于来到了。她像平常一样平心静气地把这个女孩迎进家门。一开始，她自然地谈了些关于物价、孩子、丈夫的任性和轻浮等话题，在做了充分的铺垫之后，便开始深入正题了。

她平和地说："那么说，我丈夫也给你添了不少麻烦。在我年轻的时候，他就显得有些轻浮，这一点，一直让我很伤心。听说丈夫和你都有了孩子，可是我一点也不知道。如果早点告诉我，也许我能帮你点忙。"

女孩显然吃了一惊，急着辩解："实际上……最近，我已经在疏远你的丈夫……"但终于，又马上接着说，"太太您都知道了？那我就全跟您说了吧！"就这样，她说了同妇人丈夫从开始认识，到后来各种情况等大小事，点滴不漏地倾诉一空。

在我们所做的决定中，有90%是基于情感因素。然后，我们再运用逻辑，为我们的所作所为去辩解。如果，你想要说服一个具有严谨周密的逻辑思维的人，那么你的机会就会很渺茫。

如果你尚未取得真相，"诚实为上策"或"说谎只会对每个人造成伤害"之类的话，是无法动摇对方的。你必须把逻辑与情理那一套，转化成一个以情感为基础的陈述，并且给对方提供说出真相所能获得的直接利益。

比如，一个母亲可以试着对孩子说："你说谎，伤了我的心。我希望我可以继续信任你。"信任你表示，你将拥有更多的好处——你可以去做更有趣更好玩的事，例如在朋友家过夜或和朋友们一起去溜冰。

以下我们叙述一些诱导法的要点。

1. 制造谈话机会的秘诀

自然法的第一步是，先接近目标，抓住谈话机会。在这段时间里，要尽量引导对方摆脱拘束尴尬的局面，制造一些有利于轻松畅谈的气氛。

为此，可以把对方领到有舒缓音乐的茶馆；如果是男性，把他带到烧烤的饭店吃饭，也是个理想的方法。但如果是对不太熟悉的人，要达到这种邀请的程度，则还需要各种各样的技巧。

你可以就某小事，为了表示对他的感谢而采取上面的做法。使用这种方法，可以很自然地把对方引诱到有利于说话的环境。

如果这一步成功了，那么，下面就是"升温"，即敞开思想的阶段。

2. 在愉快的气氛中说话

避免对方拘谨，通常都是先打听对方的工作、家庭、故乡的一些情况。不用说，这是判断对方现在的社会地位和了解这个人的成长环境以及社会背景。作为"加热"阶段，这是比较合适的方法。

在这一阶段，要特别注意为对方讲话，制造良好的气氛。例如，劝茶点，自己先大吃大喝或说点较粗鲁的话。无论如何，要创造一个和睦的气氛，你要知道，对方之所以拘束，往往是因为谈话的场所、对方的服饰或者是被豪华的旅馆威慑或者是谈话双方的地位悬殊，各自所处的境况有较大差距，而使对方的差别意识在上升，从而谈话显得放不开。

所以，我们可以根据时间、根据对方所处的社会地位，来更换我们自己的服装，变换一下谈话的措辞，尽量使对方产生一种亲切感。

3. 按照对方的步调发展

去年夏天，我得到了一次与某工厂的工人谈话的机会。出席时，他们都知道了我是大学教师，于是变得拘谨畏缩，在客厅里大家正襟危坐。我一看，这样可不行，应该赶快打破这种沉闷的气氛。

由于那天天气炎热，所以，我立即当场把衬衣脱掉说："我经不起热，请大家也都脱了吧。"这样一说，虽然他们并没有脱掉衬衫，依然端端正正地盘腿坐着，但完全没有隔阂了，因为内心的装束已经脱掉。这时，如果考虑面子和尊严，还要让工人开口说实话，那是相当困难。

如果这样做了，对方仍有些谨慎，我们也不必急，给他们一点时间，用不了多久，对方就会慢慢地活跃起来了。

4. 执着地追根问底

我们掌握了使对方自然地敞开心扉、心平气和地说出心里话的技巧之后，还必须掌握把对方的人格这个中心问题作为焦点，抓住某个契机使谈话快速接近我们的目标的技巧。

比如，对方谈异性话题，我们就要一边巧妙地突破这一话题，一边了解对方恋爱的事。到底是成功了，还是失败了？是什么时候发生的事？这段感情失败的原因是什么？后来双方怎么样了？以后的恋爱成功了吗？若是成功了，那么与对方的关系达到怎样的程度了？等等，无论谈到何处，都要穷追不舍。

在这种情况下随声附和，必须用尽量带有感情的语气。"是吗？""的确是这样啊！"即使是这样普通的应声，也要设身处地地饱含感动。"哎——是吗？""的确是，的确是。""真是有趣，那么后来呢？"对这种情况，用促膝交谈的表情，大幅度地点头等技巧，是非常必要的。

5. 反驳对方的看法

在交谈中，有时会发现对方的想法时起时伏，难以把握到他所说的重点。那么，这时为了弄清其原委，手段之一就是向对方提问题。

比如，如果感到对方对其父亲抱有一种敌对情绪的话，那么你可以说："你双亲都健在，真幸福啊！像我失去父亲的人，对有父亲的人实在是羡慕啊！"对方如果与父亲真有矛盾的话，多数会接着跟你说："有什么可羡慕的，就说我家那个老东西吧……"如果他们父子的关系达到严重恶劣的地步，而此时气氛又合适，他的话便会像决堤的洪水滔滔不绝地涌出来。

就这样，谈话的内容将一步步地按照你既定的目标渐渐深入，你想要了解的真相，也将自然而然地流淌出来，从而对你的下一步交往，可以更加从容地计划与权衡。

4招问出事情的真相

人是一种怯懦、心地复杂的动物，即使在能够做出口头约定的情况下，也绝不会明确地说出来，而是采取一种保留的态度，充分地留有余地，让对方琢磨不透，或故意岔开话题，绷着脸沉默，这也是普遍存在的。

在谈话时，有一条规律我们应该懂得，那就是：未经加工的语言，虽然很容易真实地表露对方的心理，但也很可能出现相反的情况。

在使用语言这个线索时，必须充分理解这类人的心理机制，以及一定的规则，再提出问题。特别是提问的内容，在触及对方的自我核心时，更要注意。刺探真情，必须采用特殊的技巧。

如果调查人员问我们："你以前经常到当铺去吗？"那么，我们该如何回答呢？接受提问的大部分人，大多处于同一种心理状态，于是，他们可能会说："呀，很遗憾，一次也没去过……"实际上，这种回答是弥天大谎，这样的回答者，绝大多数是常典当者。

以下我们提供一些技巧，供大家参考。

1. 假装被动使对方坦白

时机合适，我们可以佯装被动，使对方自动吐露真情。这种做法是承认对方的人格，让对方把自己看作坦白真实情况的善意的人来看待，这是站在某种温情的立场上进行的。

当对方一旦讲出真实的情况时，你就可以接着使用站在其对立面的方法，把对方主动说出的真实情况，说成绝对不可能有的事，并竭尽全力地挑毛病。

在使用这种方法时，能给对方一种"受冤枉"的感觉，使其产生反感。但是我们仍要保持心平气和的态度，因为这是很普遍的反应。

2. 场面转换法

当稍微说到话题的中心时，就立刻转换别的话题，于是，对方就会放心地按照我们的话题说下去。过一会儿，看准机会就说"有时……"或"可是……"把话题一转，直截了当地提出击中对方要害的问题。

这是侦探常用的手段。比如，想弄准杀人的凶器，在初审讯时，先简单地触及一下，如果觉得这种结论站得住脚，那么，就可以在取得供词之后毫不留情地说："可是，你刚才不是说，把刀藏到什么地方了吗？"这就是胜负的分界线。这种手段，常常是识破对方撒谎的有效方法。

场面转换法，重要的一点就是，把对方想要隐瞒的核心话题岔开，并引导他完全进入新的话题中。这样，对方的思路不知不觉地就朝着我们引导的方向发展了。

这时，我们就不要回避了，而是要坚定向核心接近，于是，对方就会在场面不能再转换时，惶恐地露出破绽。或许，在转换话题时，可以把对方喜欢表扬的地方大肆吹捧一番，作为辅助手段，效果会更好。

侦探吹捧犯人，有很高明的手法，如感叹其天才啊，艺术天分啦，于是，对方就有点忘乎所以，以致无意中说漏嘴。

3. 异常心理法

如果对方具有顽强的、难以麻痹的心理时，那么，最有效的手段就是运用异常心理法。顾名思义，就是追踪对方异常的心理状态，使他道出真言的一种做法。

如果人处于正常的身心状态时，分辨能力和抑制能力都是很强的。但是，一旦陷入了异常的身心状态时，就会感觉心中无底或筋疲力尽。

无论什么人，如果两三顿不给他饭吃，他都会变得性情暴躁；如果一夜不让他睡觉，把他一个人关在小屋子里，就会产生"随你怎么办都行"的情绪。

一些贪污和受贿的犯人，大抵都有一定的社会地位和教养，对他们使用异常心理法，动摇其意志，是十分有效的。具体的做法，世界各地都是相似的。只要是在法律允许的范围内进行轻度的人格破坏（如让经理用抹布擦东西等），很容易地，就能使他们陷入抛弃教养和尊严的最低精神状态。

使用这种方法最关键的一点在于，伴随这种最低的精神状态，而发生价值观念的改变。在战俘的收容所里，如果严重的饥饿状态一直持续下去，则一般正常的价值体系，很快就会消失，决定吃还是不吃那种东西，成为选择的唯一准则。名贵手表和钻石戒指，如果与商品没有交换的可能性，也会被毫不犹豫地扔掉。

异常心理法虽然运用轻度的人格破坏，但实质上，恰恰是使价值观的结构发生改变，这样一来，有知识阶层的犯人，很快就会坦白交代。

4. 强行使其暴露自我

这种方法，一般用来刺探陌生人的技巧。这种方法，曾一度是在美国和德国从事情报工作的人员、警官、陆海空三军将校所用的方法。虽然偶然也会发生些小误会，但多数时候还是极为有效的。

胁强会见的原理就是：让受试者人工地处于强烈的欲望不足或自卑感状态或矛盾状态，再观察他怎样处理这种感情。虽然实际操作起来很麻烦，但这才是真正的强行诱导法的精髓。具体做法如下：

受试者进入试验室，一开始时，受到了十分友好的接待，但当谈到本质问题时，就会受到冷落。给他一个需要手和脚分别做动作来操作机器的复杂课题。同时，通过播音系统不断地下达难以做到的、而且是毫无头绪的命令。甚至施加一些令人很不愉快的污言秽语，还可以放电去干扰、刺激他。

这对受试者来说，实在是一种折磨，没有比这更厉害的实验了。也许只有在这样的胁强状态下，毫不慌乱沉着应对的人，才能被称为能克服一切困难，开辟新道路的真正人才吧。

我们在平时生活中，下围棋、象棋、打棒球等，到了关键的时刻，有时会产生一种想痛哭一场的心情，实际上，这就是对这种危急场合的人的真正作用，在这个实验里，已经全部发挥出来了。虽然，胁强很少有实施的机会，但是，只要稍动动脑筋就会发现。这一原理在日常生活中也能起作用。

比如，在打游戏时，当对方陷入危机时，就给他来个火上浇油，狠狠地来一下，使对方气馁，促使他输掉游戏。与此同时，还获得了对对方人品和性格的判断资料，可谓一箭双雕。

还有，如果谁决定与某异性结婚，不妨对那位异性试一下这个方法。具体做法需要点勇气，可由一件小事为因由，去痛骂对方观察他的反应。如果你没有试过给恋人这样的进攻，就决定结婚，那么，将来的婚姻生活是难以预测的。

我的一个朋友在相亲的宴席上失手将咖啡弄洒在对方姑娘的礼裙上，这时，对方表现得非常沉着、冷静。这种品质马上吸引了朋友，从而他们结起缘分，幸运地成为一对。

所以，我们必须在日常生活中多留心，须不断加强自己的精神修养。因为在你刺探别人真情的时候，也许别人也在留意着你。

第八章
透过行为看心理：行为心理测试

　　行为心理学指出：人的意识活动依据活动的目的或指向的不同，可以分为认知活动和意向活动。

　　认知活动是人以认出对象自身特性或规律为目的的活动；意向活动则是人的本能及由本能发展而成的人类需求对外在环境做出的反馈或为满足需求而采取的行动。

测试你的人缘

皮格马利翁是古希腊神话中的塞浦路斯国王。传说他对自己雕刻的美丽塑像产生了深深的爱慕之情，以至于终日茶饭不思，睡眠不香，天长日久，日渐憔悴，直至病恹恹的也不后悔。最后，他的真情终于感动了维纳斯女神。女神给塑像赋予了生命，变成了活生生的美女，嫁给了皮格马利翁，从此他过上了幸福的生活。

这种以诚挚感情感动女神的效应，被人们叫作"皮格马利翁效应"。"皮格马利翁效应"同样适用于我们处理人际关系。实际上，一个人的人缘如何，在很大程度上取决于你对别人的态度。人都是有感觉的，有感情的。你敬人一尺，别人肯定会敬你一丈，所谓以涌泉来报滴水之恩，就是这个道理。

明白了这个道理，再认认真真回答以下六个问题，从每个问题后面的三种选项中选择一个与你的实际情况最相符的，然后对照相应评分表，就可以知道你的人缘到底如何了。你还可以从人缘上的得分来反推自己，是不是一位当代的皮格马利翁。即使不是，你也可以大致知晓自己究竟与他相差几何。

1. 一位女朋友邀请你参加她的生日聚会。可是，每位来宾你都不认识，那么：

A. 你非常乐意地去认识他们

B. 你愿意早去一会儿帮助她筹备生日聚会

C. 你借故拒绝，告诉她那天已经有别的朋友邀请你了

2. 在街上，一位陌生人向你询问到火车站的路径。这是很难解释清楚的，况且，你还有急事。于是：

A. 你让他去向远处的警察打听

B. 你尽量简单地告诉他

C. 你把他引到去火车站的方向

3. 你的好朋友到你家来，你有两个月没有见到他了。可是这天晚上电视里正在放一部非常精彩的影片。结果：

A. 你关上电视机，让这位朋友看你假期中拍摄的照片

B. 你说服朋友同你一道看电视

C. 你开着电视，同朋友一起聊天

4. 你亲戚给你寄来一些钱。接着：

A. 你把钱搁在一边

B. 你和你的朋友们小宴一顿

C. 你买些东西，如油画、漂亮的灯、墙纸等，装饰一下卧室

5. 邻居要去看电影，让你照顾一下他们的孩子。孩子醒后哭了起来，于是：

A. 你关上卧室的门，到餐厅去看书

B. 你把孩子抱在怀里，哼着歌曲想让他入睡

C. 你看看孩子是否需要什么东西。如果他无故哭闹，你就让他哭去，终究他会停下来的

6. 如果你有闲暇，你喜欢干些什么？

A. 与朋友一起看电影，并与他们一起讨论

B. 到商店里买东西

C. 待在卧室里听唱片

分数分配

这六道题的答案得分如下：

1. A.2分　B.3分　C.1分
2. A.1分　B.2分　C.3分
3. A.3分　B.2分　C.1分
4. A.1分　B.3分　C.2分
5. A.1分　B.3分　C.2分
6. A.3分　B.2分　C.1分

得分分析

1. 14—18分之间

你非常善于交际。你的伙伴们非常爱你，这是可以理解的。你总是面带笑容，为别人考虑的比为你自己考虑的要多。朋友们为认识你而感到幸运。

2. 8—13分之间

你不喜欢独立一个人待着，你需要有朋友围在身边。你非常喜欢帮忙——如果这不花费你太多精力的话。比起爱来说，你更想寻求被爱，但这是不够的。

3. 8分以下

注意，你置身于众人之外，仅仅为自己而活着。你是一位利己主义者。不要奇怪为什么你的朋友这样少，从你的贝壳中走出来吧。

测试你的交际弱点

每个人的性格爱好都是不尽相同的，这就决定了每个人的处世方式中总有别人不习惯或者无法忍受的一面。个人本身很难对自己的这一面有所察觉，下面让这个测试题来帮你分析吧。

你在学校度过的时间里，特别是心理上极度叛逆的时期，你觉得老师身上最不能让你忍受的是什么？

A. 情绪不稳定，容易"歇斯底里"，对学生实行精神压迫

B. 专制，不听取学生的意见

C. 不公平，偏袒所谓的好学生

D. 对学生使用暴力

选择分析

1. 选择A

这个选择其实就是自我缺陷的自然暴露。你一有什么不如意的事就会"歇斯底里"，不是四处大声叫嚷，就是突然大声哭泣。

你这种自我表现的方式也许太过幼稚，而且很容易引起别人的情绪疲劳。为了使人际关系更加融洽，你必须对周围的人多一份爱心，同时要注意克制自己的情绪。

2. 选择B

你具有站在阵列前沿将周围人猛推向前的统率能力，在集体中往往起到决定性的作用。但是你需要听取周围人的意见，保持谦虚态度，否则，最终有可能谁也不会再顺从你！

你的缺点就是很少听取他人的意见和建议。

3. 选择C

你可能有一些心理恐慌症的表现。你的交际范围容易往纵向深入，而很难向横向扩展。你往往把自己讨厌的人彻底排除在外，似乎只愿意与某一个特定的人建立更好的关系。所

以，你属于不善扩大交际圈的一类人。你甚至会要求与你关系亲近的友人不要与你不喜欢的人交往。你要懂得博爱的内涵。

4．选择D

你这样的处世方式是很危险的。你的缺点是动辄变得粗暴无礼。你的问题不仅表现在行为上，而且语言暴力也很激烈。假如是因为对方态度恶劣导致你正当防御还情有可原，但往往是稍不如意就出手或出口伤人。一定要注意控制自己的情绪，你很容易和不了解你的人产生激烈的矛盾。

测试你属于哪类人

没有人与人之间的交往，世界将成为一片荒凉的沙漠。交往给人带来幸福和欢乐，正如一位著名的心理学家所说的："一个人成功的因素85%来自社交。"那么在社交中你属于哪类人呢？请对下列问题做出"是"或"否"的选择。

1．碰到熟人时，我会主动打招呼。

2．我常主动写信给友人表达思念。

3．旅行时，我常与不相识的人闲谈。

4．有朋友来访时，我从内心里感到高兴。

5．没人引见时，我很少主动与陌生人谈话。

6．我喜欢在群体中发表自己的见解。

7．我同情弱者。

8．我喜欢给别人出主意。

9．我做事总喜欢有人陪。

10．我很容易被朋友说服。

11. 我总是很注意自己的仪表。

12. 如果约会迟到我会长时间感到不安。

13. 我很少与异性交往。

14. 我到朋友家做客从不会感到不自在。

15. 与朋友一起乘公共汽车时，我不在乎谁买票。

16. 我给朋友写信时常诉说自己最近的烦恼。

17. 我常能交到新的知心朋友。

18. 我喜欢与有独特之处的人交往。

19. 我觉得随便暴露自己的内心世界是很危险的事。

20. 我对发表意见很慎重。

分数分配

第1、2、3、4、6、7、8、9、10、11、12、13、16、17、18题答"是"得1分，答"否"不得分；第5、14、15、19、20题答"否"得1分，答"是"不得分。

得分分析

1. 1—5题得分表示交往的主动性水平，得分高说明交往偏于主动型，得分低则意味着偏于被动型。

2. 6—10题得分表示交往的支配性水平，得分高表明交往偏于领袖型，得分低则意味着偏于依从型。

3. 11—15题得分表示交往的规范性程度，得分高意味着交往讲究严谨，得分低则意味着交往较为随便。

4. 16—20题得分表示交往的开放性程度，得分高意味着交往偏于开放型，得分低则意味着偏于闭锁型。如果得分处于中等水平，则表明交往倾向不明显，属于中间综合型的交往者。

测试你是否受欢迎

美国前总统柯立芝是一位沉默寡言的人，但他却能与白宫工作人员和睦相处。这全是因为他掌握了非凡的与人相处的艺术。

有一天，一向少言寡语的他忽然对他的一个女秘书说："今天你穿的衣服很合身，总而言之，今天你是个引人注目的姑娘。"面对这突然的夸奖，那位秘书小姐羞怯得脸唰地红了。柯立芝说："不要不好意思，我说这话的意思是想使你不感到拘束。我想告诉你，抄写时要特别注意标点符号。"

这样先夸奖后提出意见，秘书很容易地接受了批评，没有造成不愉快。批评能做到这种地步，也算是一门艺术。拥有它，你很容易与人和睦相处，很受人欢迎。

那么你自己受人欢迎吗？下面的25个问题是根据国外专家的心理测试而拟就的，目的是让你大致明了自己的性情以及你是否容易相处。

请在每个问题的后面写"是"或者"否"。

1. 你是否自动地和不经思考地随便发表意见？

2. 你是否觉得你三位最好的朋友都不如你？

3. 你喜欢独自进餐吗？

4. 你看不看报上的社会新闻？

5. 你对这一类的测验有无兴趣？

6. 你是不是也向别人吐露自己的抱负、挫折以及个人的种种问题？

7. 你是否常向别人借钱？

8. 你和别人一道出去，是不是一定要大家平均分摊费用？

9. 你告诉别人一件事情，是不是把细枝末节都说得很清楚？

10. 你肯不惜金钱招待朋友吗？

11. 你认为自己说话毫不隐讳的态度是对的吗？

12. 你跟朋友约会时，是否让别人等你？

13. 你真正喜欢孩子（不是你自己的孩子）吗？

14. 你喜欢拿别人开玩笑吗？

15. 你认为中年人恋爱是愚蠢吗？

16. 你真正不喜欢的人，是否超过七个？

17. 你是不是有一肚子牢骚？

18. 你讲话时是不是常常用"坏透了""气死人""真要命"一类字眼？

19. 电话接线员和商品推销员会使你发脾气吗？

20. 你爱好音乐、书籍、运动，别人不喜欢，你是不是觉得他面目可憎、言语无味？

21. 你是不是言而无信？（多想一想再答）

22. 你是不是常常当面批评家里的人、好朋友或下属？

23. 你遇到不如意的事，是否精神沮丧，意志消沉？

24. 自己运气坏，但当朋友成功的时候，你是不是真的替朋友高兴？

25. 你是否喜欢跟人聊天？

分数分配

答"是"得1分，答"否"不得分。

得分分析

得分越多，就表示你越受人欢迎。最高的分数当然是25分。但是，假如你的分数不到25分，你也不要认为自己人缘不好。只要有15分，你就是一个很受人欢迎的人了。

测试你是否让别人敌对

你是不是经常觉得自己很孤立？是不是经常觉得别人对你有敌意，眼光中充斥着轻蔑、嘲讽和不快？你希望自己拥有良好而稳定的社交圈子，在社交圈子中，你追求高度的评价和中心的位置，但是你却不知道为什么朋友们都对你颇有看法。这个时候千万不要把你心底的委屈和疑虑转嫁到周围人的身上，把所有的不快乐都归罪于别人，要从自己身上找出理由，也许原因就是你经常得罪人而你却浑然不觉。快测试一下自己，是否在社交圈内真的扮演着得罪人的角色。

如果你抱着一个精美的玻璃制品小心翼翼地上了地铁，这是朋友刚送的礼物。不幸的事发生了，一个急着上车的人把你挤在了扶手上——东西碎了，而这个人竟然是你以前的邻居。这时你会：

A. 不管他是谁，大发雷霆，把对方骂得狗血淋头

B. 算了！自认倒霉，只能气在心里

C. 要求对方照价赔偿

D. 安慰他说："没事的，不要紧。"

选择分析

1. 选择A

你总是认为朋友只是暂时的关系，而真正可以给你安全

感的是摸得到、看得到的财富或物质。在你的观念中，朋友不会比你心爱的东西来得重要。正因如此，你的朋友到最后都会成为你的敌人。

事实上，你的人际关系在心理上的出发点就有点偏差，所以即使你的敌对意识不是很强，你对人际关系的需求也不会很强烈。就因为你这样的唯物观念，把人和朋友的价值放在东西之下。曾经是你朋友的人，都会觉得不受尊重而离开你。如果你的观念还是不改，当然你的敌人会越来越多。

2. 选择B

你在处理人际关系的心态上有点委曲求全。可能是你怕和别人形成敌对的状态，而这种敌对状态会给你带来很大的心理压力和精神负担，所以你没有信心去处理这些关系。你宁可退一步，以求大局和平。你是一个怕得罪人的人，在表面上你只能自认倒霉，但在心底里你却会愤怒不已，而又不敢表现出来。

像这种压抑自己来成全人际关系的做法，对自己是一种伤害。为了怕得罪别人而压抑自己，你可能会渐渐地脱离人群，自我封闭起来。到时候，全天下的人都会视你为异物。你更会觉得孤立，还是快些改变吧。

3. 选择C

你觉得你和所有的朋友都处于对等状态，没有谁该怕谁，谁该让谁的说法。因此，你的态度很客观，也很中立。不会预设立场，把自己的敌我意识先摆出来，或者事先设定自己的受害意识。

你这样的处理方式，应该是让大多数人可以接受的做法。不过，要是遇到一些自我意识较强烈的人，你就会被认为太不讲人情，因而得罪对方。基本上这种做法不会伤害你的人际关系，却也阻隔了进一步的发展。毕竟人都是要面子的，你要对方赔偿，就表示你们的情谊还不是很深。对方在你的心目中占的分量还不是大到可以不用计较，所以即使对方表面不会在意，但心底总有些疙瘩。

4. 选择D

你是一个老好人，你很尊重对方的自尊和价值，让对方感受到他自己是一个很受重视的人。因此，他除了感谢你之外，还会以对等的态度回报你，将你当成最好的朋友。

在你处理人际关系的观念中，知道人的价值是重过一切的。因此你在处理事情的时候，会不自觉地以客观的立场来考虑利害得失。就是因为你这样重视朋友，给朋友面子，所以你的人际关系是很圆满的。当然，你的敌人也不会出现。你真的太好了，绝对不会有人对你有敌意，除非他脑筋有问题。

测试你的沟通能力

你是否羡慕别人在演讲台上口若悬河，是否希望自己也能有三寸不烂之舌？会说话并不仅仅是拥有流利的口才，还要有一些技巧，也就是不仅要会说，还要知道对不同的人怎么采取不同的方式。你会说话吗？不妨测试一下。

1. 当你不是话题的中心人物、不是众人关注的焦点时，你会不由自主地走神吗？

A. 强烈肯定　B. 有时　C. 绝对否定

2. 当有人试图与你交谈或对你讲解一些与你关系不大的

事情时，你是否时常觉得很难聚精会神地听下去？

A. 强烈肯定　B. 有时　C. 绝对否定

3. 一个在火车上刚认识的朋友详细地向你讲述他从恋爱到失恋的全过程，并期待你的回应，你会：

A. 极不情愿，觉得不舒服　B. 无动于衷　C. 很乐意倾听并积极开导

4. 你是否觉得需要一个人静静的才能清醒和整理好思路？

A. 强烈肯定　B. 有时　C. 绝对否定

5. 你是否很难放松警惕，向他人倾吐自己的心事，除非他是你多年相交的密友？

A. 强烈肯定　B. 有时　C. 绝对否定

6. 你往往和哪种人最容易相处？

A. 各种人

B. 和已经了解的人

C. 和相处很久的人，但往往感到很困难

7. 你是否会刻意避免表达自己的感受，因为你认为说了别人也不会理解？

A. 强烈肯定　B. 有时　C. 绝对否定

8. 你是否认为轻易流露心情和感受的人是没有内涵的？

A. 强烈肯定　B. 有时　C. 绝对否定

9. 你是否总在人群中的气氛达到高潮时反而有一种强烈的失落感？

A. 经常如此　B. 有时　C. 从未有过

分数分配

选A得1分；选B得2分；选C得3分。

得分分析

1. 22—27分

你不太会"说话"或者你本来就有"语言排斥"的倾向。这表示你只有在极需要的情况下才同别人交谈，或者你与对方有强烈的志同道合的感受，都觉得相见恨晚。通常你不会通过语言的形式去发展友谊，除非对方愿意主动频频跟你接触，否则你便总处于孤独的个人世界里。你有些自闭倾向。

2. 15—21分

你是个外冷内热的人，其实交谈也是你的强项，只是你不会轻易显露。你大概比较热衷跟别人做朋友。如果你与对方不太熟识，你开始会很内向，不太愿跟对方交谈。但时间久了，你便乐意常常搭话，彼此谈得来。

3. 9—14分

你是一个非常会"说话"的人。你非常懂得交际，能够营造一种热烈气氛鼓励人家多开口，让别人觉得同你谈得来，彼此十分投合。像你这种能把死人说活的人，是非常讨人喜欢的。你知道什么时候该说，什么时候不该说。

测试你的人际交往能力

对于人际交往，春秋时期的"高山流水觅知音"堪称一段佳话。相传，有一日，擅弹琴的俞伯牙在汉阳龟山游览时，突然遇到了暴雨，只好滞留在一块岩石之下避雨。

因心里寂寞忧伤，他便拿出随身携带的古琴弹奏，这时擅长听音的樵夫钟子期刚好路过这里。钟子期听了俞伯牙的弹奏，心领神会，忍不住叫了几声好！

俞伯牙听到赞语，赶紧起身招呼，接着便又继续弹。他先凝神于高山，赋意在曲调之中。钟子期听后频赞："真一座高峻无比的山。"

接着，俞伯牙又沉思于流水，隐情在旋律之外。钟子期听后，又一旁称赞："如江河奔流一样。"使得俞伯牙惊喜异常。

至此二人结为知音。

我们今天看二人相交，对他们至深友谊钦佩之时，还想到，假如不是在一个特定的环境中，假如钟子期不是一个性格开朗的人，假如他听到俞伯牙的曼妙之音后，只是在心里喊几声好，而不是说出来，那么这一段千古佳话恐怕就不会演绎得如此扣人心弦了。也就是说，平时我们要重视自己的人际交往能力。你的人际交往能力如何？请自测。

请结合你自己的情况考虑下面的问题，回答"是"或"否"。

1. 你喜欢参加社会活动吗？

2. 你喜欢结交来自不同行业、阶层的朋友吗？

3. 你会主动向陌生人做自我介绍吗？

4. 你对他人的爱好感兴趣吗？

5. 你在回答有关自己的工作与兴趣的问题时感到为难吗？

6. 你喜欢做大型公共活动的组织者吗？

7. 你愿意做活动主持人吗？

8. 你喜欢与不相识的人聊天吗？

9. 你喜欢在正式场合穿礼服吗？

10. 你与有地方口音的人交流有困难吗？

11. 你曾为自己的演讲水平不佳而苦恼吗?

12. 你在公司组织的集体活动中愿意扮演逗人笑的丑角吗?

13. 你喜欢成为公司联欢会上的核心人物吗?

14. 你喜欢在孩子们的联欢会上扮演圣诞老人吗?

15. 你喜欢在宴会上致祝酒词吗?

16. 你喜欢倡议共同举杯吗?

17. 你与不同阶层的人谈话时是否轻松自然?

18. 你希望周围的人对你毕恭毕敬吗?

19. 你在酒水供应充足的宴会上是否借机开怀畅饮?

20. 你曾因饮酒过度而失态吗?

21. 你与人谈话时喜欢掌握话题的主动权吗?

分数分配

本测验的答案并无正误之分。只是一般情况下,擅长社交的人会倾向于以下答案。

1.是　2.是　3.是　4.是　5.不　6.是　7.是

8.是　9.是　10.不　11.不　12.不　13.是　14.是

15.是　16.是　17.是　18.不　19.不　20.不　21.是

你在每一题上的答案,若与上述相应答案相同得1分,否则得0分。计算你的得分。

得分分析

1. 16—21分

你善于交际,能在各种各样的社交场合表现得大方得体。你待人真诚友善,不狂妄虚伪,是社交活动的中心人物,也是公共事业的强有力的支持者。

2.10—15分

你能在大多数社交场合以出色的表现受到众人的尊敬，只是有时缺乏自信心，今后要特别注意主动结交朋友。

3.4—9分

你缺乏自信，临场表现欠佳。当应该以轻松、热情的面貌出现时，你却常常显得过于紧张，手足无措。

4.3分以下

你是一个孤独的人，不喜欢任何形式的社交活动。在旁人的眼中你是一个性格孤僻、难以接近的人。

你有社交恐惧症吗

社交，是现代生活中人人不可缺少的活动。但是，许多性格内向的人，尤其是年轻女性，会在人际交往中感到惶恐不安，并出现脸红、出汗、心跳加快、说话结巴和手足无措等现象，这一现象称为"社交恐惧症"。

1.怕在重要人物面前讲话。

A.从不或很少如此　B.有时如此　C.经常如此　D.总是如此

2.在人面前脸红我很难受。

A.从不或很少如此　B.有时如此　C.经常如此　D.总是如此

3.聚会及一些社交活动让我害怕。

A.从不或很少如此　B.有时如此　C.经常如此　D.总是如此

4. 我常回避和我不认识的人进行交谈。

A. 从不或很少如此 B. 有时如此 C. 经常如此 D. 总是如此

5. 让别人议论是我不愿的事情。

A. 从不或很少如此 B. 有时如此 C. 经常如此 D. 总是如此

6. 我回避任何以我为中心的事情。

A. 从不或很少如此 B. 有时如此 C. 经常如此 D. 总是如此

7. 我害怕当众讲话。

A. 从不或很少如此 B. 有时如此 C. 经常如此 D. 总是如此

8. 我不能在别人的注目下做事。

A. 从不或很少如此 B. 有时如此 C. 经常如此 D. 总是如此

9. 看见陌生人我就不由自主地发抖、心慌。

A. 从不或很少如此 B. 有时如此 C. 经常如此 D. 总是如此

10. 我梦见和别人交谈时出丑的窘样。

A. 从不或很少如此 B. 有时如此 C. 经常如此 D. 总是如此

分数分配

选择A得1分；B得2分；C得3分；D得4分。

得分分析

1. 1—9分：放心好了，你没患社交恐惧症。

2. 10—24分：你已经有了轻度症状，照此发展下去可能会不妙。

3. 25—35分：你已经处在社交恐惧症中度患者的边缘，如有时间一定要到医院求助精神科医生。

4. 36—40分：很不幸，你已经是严重的社交恐惧症患者了，快去求助精神科医生，他会帮你摆脱困境。

你会建立"人情账户"吗

1. 你见到需要帮助的人就会伸出援助的手，包括会把贪婪的人设为帮助的对象。

A. 是的（1分）

B. 不一定（2分）

C. 肯定不会（3分）

2. 你认为帮助他人要随时随地，你会在他人不需要的时候也提供帮助。

A. 是的（1分）

B. 不一定（2分）

C. 帮助别人一定要在他需要的时候（3分）

3. 帮助别人后，你会挑明你的功德，以形成"这次我帮你，下次你要帮我"彼此心照不宣的效果。

A. 是的（1分）

B. 不一定（2分）

C. 不是，你会表现出是真心相帮而不要求回报（3分）

4. 你给人好处之后，都会稍作张扬来显示你的优越感。

A.是的，这表示你是可以对别人施以恩德的人（1分）

B.不一定（2分）

C.不是（3分）

5. 给人帮助，你认为每一次给的量要越多越好。

A.是的（1分）

B.不一定（2分）

C.不是，给予他人的帮助要适可而止（3分）

6. 不同的人你会用不同的方式去培养感情。比如，有人需要被理解，有人需要被鼓励。

A. 是的（3分）

B. 不一定（2分）

C. 不是这样（1分）

7. 作为领导，你会培养下属对你的感情依赖，刺激下属各种愿望又不去全部满足他们，而是一次一点，以使其保持干劲。

A. 是的（3分）

B. 不一定（2分）

C. 不是这样（1分）

8. 你认为：人都爱面子，给人面子就是给人厚礼。因此你会尽量避免在公众场合使其难堪，并时刻提醒自己不要做出任何有损他人颜面的事。

A. 是的（3分）

B. 不一定（2分）

C. 不是这样（1分）

9. 你很注意培养与朋友的共同兴趣，以达到"趣味相投"的效果。

A．是的（3分）

B．一般（2分）

C．很少如此（1分）

10．如果受助者确实有困难需要帮助，你并不会只给一次帮助。

A．是的，再次帮助能赢得更多的"人情效应"（3分）

B．不一定（2分）

C．不是，你觉得帮人一次就够了（1分）

得分分析

1．10—16分

你不善于建立"人情账户"。这也说明你的独立意识非常强。在社会中，人们需要越来越多的相互帮助，靠单打独斗闯天下已经不可能。建立人情的储蓄，也是一种资源的积累，只有手握"人情账户"，方能在商界行走自如。

2．17—23分

你对建立"人情账户"的关注没有上面那种人那么强，对于怎样以好的方式给人帮助还不太清楚。比如，帮助别人的同时也要顾及别人的面子，不宜张扬，要做得自然，并要把"人情效应"最大化。

3．24—30分

你建立"人情账户"的功夫很强，很重视人与人的感情交流和彼此交情的维持。这使得你非常有人缘，不仅办事容易，而且做人"风光"。因而，做起生意来也就淡化了赤裸裸的利益关系，强化了共赢的效果，并且赢得了不错的口碑。

你能看出对方是什么人吗

在你的社交圈子中，一定有很多不同的面孔。你能够通过他们的表面现象，认清谁是朋友谁是敌人吗？你能够一眼操纵他们的心思吗？

现代人大多具备一定的文化修养，都有一套包装自己形象的本事。有些人不管他们在背后向你下了多阴险的黑招儿，表面上仍跟你拍肩挽臂，宛如亲生兄弟一般，也不管他们有多么粗俗卑鄙的祸心，表面上仍是"鸟语"莺歌，一副谦谦君子风范。也有一些真诚直率的人，他们口齿大多是不算流利，也常在你面前直言不讳，曾让你颜面不保，但究其真心是为你想为你忧，真的是为你好。所以，我们绝不能以貌取人，以行取人。你能认清口蜜腹剑的人吗？你能找到真正为你两肋插刀的朋友吗？不妨用下面的小测验，测一测你周围的人，谁会雪中送炭？谁会落井下石？

1. 他如何度过假日？

A. 到热闹的街上，逛街、购物　B. 经常一起去做户外运动

C. 做他平时没时间做的事情　　D. 很隐秘，一般不会主动告诉别人

2. 他平常喜欢穿什么颜色的上衣？

A. 茶色系列　B. 蓝色系列

C. 红色系列　D. 绿色系列

3. 他的周围都是些什么朋友？他是否将他的朋友介绍让

你认识？

　　A．年轻的居多　　　　　B．数量不多，但有要好的朋友

　　C．朋友很多，三教九流都有　　D．年长者较多，长辈很照顾他

　　4．他欲诱你同流合污，以什么方式？

　　A．很难开口要求　　B．不懂得如何做

　　C．先制造气氛　　　D．以强硬方式，强拉到饭店请客

　　5．你们喝酒时，常一起去哪种地方？

　　A．很恬静的酒馆　　　　B．走到哪儿就到哪儿喝酒

　　C．年轻人多的迪斯科厅　D．经常去的饭店

　　6．他送你礼物，以什么居多？

　　A．经常送廉价的小东西　　　　B．偶尔会送保值的宝石或贵重金

　　C．送他亲手做的很有创意的制品　D．流行的饰品或衣物

　　7．他喜欢吃哪种菜？

　　A．家常菜　　　　　　B．清淡的日本料理

　　C．口味较重的中国菜　D．以肉为主的西餐

　　8．在众目睽睽下点菜，尤其是在高级餐厅里，他的点菜方式如何？

　　A．注意看菜单，但无法决定　B．连你的都一起决定了

　　C．点和你相同的菜　　　　　D．马上点以往点过的菜

　　9．他和你的朋友碰面的机会不多，但现在你们两人较为亲密，见面的次数也增加了，难免有和你朋友无意间碰面的机会。他表现什么态度？

　　A．比只有两人时更为自然　B．不知为何变得很冷淡

　　C．变成逗人发笑的小丑　　　D．和往常一样

10．任何一个人，对于自己的服装都非常敏感，而他偏好哪种服装呢?

A．很典雅的服装　B．充满罗曼蒂克的服装

C．流行服饰　　　　D．常穿属于自己风格的衣服

分数分配

选择A为0分；B为1分；C为2分；D为3分。累计得分总和。

得分分析

1．0—8分：有避世倾向的人

他淡漠于周围的任何事情。他不会同情你刚受到上司的斥责，也不会妒忌你刚为公司签下了一份高利润的合同。这样的人会给你一种冷冰冰的感觉。总之，对这样的人，你不用担心他会背后下黑手，也不要希望他能为你帮忙助阵。他最忌讳别人干扰他的生活，你千万不可离他太近。你只要尊重他的一切习惯，他便会与你相安无事。

2．9—16分：神经兮兮的人

这样的人最难惹：向他示好，会被他疑心你有企图；对他冷漠，会被他疑心你在陷害他。有这样的敌人很可怕，有这样的朋友也会很麻烦。这种人非常敏感。如果你偶尔有一天没向他展示笑脸，他会寝食难安，会由此推论到你们已是敌我关系。这样的人最容易走向极端，不是你的朋友，便一定会是你可怕的敌人。出尔反尔是这类人的拿手好戏，不要相信他的任何承诺。最佳的办法是不结识他，如果已经认识了，那也只能不离不弃，不凉不热地晾着为佳。

3．17—25分：容易相处的人

他心胸开阔，不计前嫌，是快乐朋友的最佳人选。这类人天生一副笑脸，笑对人生，也笑对朋友。他是社交圈中的开

心果，跟这样的人在一起你总会非常快乐。

他从不为小事跟你怄气，即使是因大事与你产生矛盾，三分钟后便会忘记。但这样的人是同甘的朋友，却不一定是共苦的伙伴。他有一个缺点，就是不善于与人分忧。他不会费心费力地为你付出力气。

4．25—30分：有情有义的人

要想方设法、真挚执着地交这样的朋友。这些人多是社会的中坚分子，多亲近他们，你也会在不知不觉中受到正面的影响。

这种类型的人是你一生寻觅的知音。他们大多具有积极向上、锐意进取的斗志，具有坚强的意志和信念，做事踏实，一言九鼎，跟这样的人交朋友，不但会感染他蓬勃的干劲，也会从他那里得到两肋插刀般的鼎力支持。

你具备圆熟的交往技巧吗

不恃才傲物可能被视为平庸无为；不投机取巧可能被看作不思进取；开口先笑可能被认为是笑里藏刀。

这并不代表以上的这些都是缺点，而是你怎么才能把这些优点发挥到圆润自然，张弛有度，浑然一体。简单地说，就是要具备老辣的社交技巧。那么你具备这种技巧吗？不妨测一测：

1．当老板让你去做一件你觉得很难做到的事情，你会怎么办？

A．你会咬紧牙关，花费几小时拼命为他工作

B．做到某种程度发觉不行时，即将情况向老板汇报

C．即使求助于他人也要把工作做好

D．是自己无法做的事，会放弃不做

2．如果有两位相熟的异性同时向你示爱。你会怎么处理？

A．把两人叫过来加以详谈后分开

B．在两人中与一位适合自己的人交往

C．在两人之间周旋

D．将两人视为普通朋友，同时交往

3．当在工作上感到不顺心、不如意时，你用哪种方式来发泄呢？

A．到常去的酒吧喝酒　　B．出去散步使心情平静

C．到一些娱乐场所消遣　D．到朋友家向他诉苦

4．如果你由朋友口中得知另一个朋友在背后说你坏话，你会怎样？

A．默默地承受而不加理会　　B．与忠告者一起出游，将误解澄清

C．直接找说坏话的人去算账　D．找说坏话的人问清情况

分数分配

A．5分，B．3分，C．1分，D．0分。

得分分析

1．18—20分

如果你能再成熟些，即可体会爱的真义。你的心理在社交方面相当成熟，而个人生活方面就不太成熟了。而这种不平衡也是你性格上的魅力，因为它令人有新鲜感，会让人产生想要探知的欲望。

2．14—17分

你的心理正在成长中，因为兴趣广泛而无法局限在一件事上，对要紧的事应该立即着手；如能有所取舍，你的心理

会成熟得更快。你是个有前途的人，你会很快掌握社交技巧的，只是要在这个过程中承受住一些心理上的考验。

3．8—13分

你的社交技巧可以说是相当贫乏的，你的心理还很幼稚，甚至未考虑成熟问题。对这种年轻人而言，实践比学习更重要，但学习也不能忽略。

4．0—7分

你对爱的看法相当成熟，但心理成熟是没有界限的，所以应该想办法，使自己能与人相处得更好。你现在需要努力的是，注意与周围的人搞好关系，千万别脱离集体，要合群。

你有较强的组织和协调能力吗

无论是作为集体中的一员，还是作为集体的组织者和领导者，只要你和其他个体之间存在联系，就必须具备一定的组织和协调能力。这对于你能否成功完成任务或目标很关键，做得好，就能增加凝聚力；做得不好，你所在的集体就会是一盘散沙，什么事情也做不成。

假设你目前还是一个初中生，学校要进行卫生的评比，老师把这个任务交给你和其他几位同学来完成。可有些同学尽是嬉笑打闹、不专心，你会怎么做呢？当你的朋友行为不当时你做出的反应，是你的协调能力的表现。

A．一起玩

B．不理会嬉戏的朋友继续扫除

C．向老师报告

D．大声劝告

选择分析

1．选择A

你的特点就是人云亦云。你的协调性一般，容易随波逐流，而不是坚持自己的正确做法。即便别人的意见与你不一致，你也绝不会坚持自己的主张，而是去适应周围的人。说得好听些是具有灵活性，说得不好听则是缺乏自主性。你可能会有很好的人缘，但不易有大成就。

2．选择B

你总是把牺牲自己看成化解矛盾的最佳方式。表面上你的协调性超群，能够与任何不同意见者达成沟通，不会把自己的意志强加于人。但是，你有时显得爱讲道理。即便你说得都对，也请注意，如果太过穷根究底，别人会对你敬而远之。只要你稍微改变一下方式就会更好地发挥自己的协调能力。

3．选择C

你善于把周围的人朝你所期望的方向调动，但往往效果并不明显。你擅长调动并组织周围的人，所以在大家的眼里你具有协调能力。你的这种能力只能依赖于外物或者持续时间很短。从某种意义上讲，你是一个非常精于世故的人。

4．选择D

你一定是一个相当负责的人，但你缺乏协调能力。"看不惯"是你常说的口头禅。也许是太过强烈的正义感干扰了你协调能力的发挥。正义感的确非常重要，但是一旦过度，特别是在重视协调关系的环境里，更是无法生存。你应该寻找一种解决问题的最佳途径。